Du Mont-Saint-Michel à Nantes

CÔTES de BRETAGNE

The Brittany coastline

978-2-35678-047-8

À mes proches, à ceux qui essaient de réaliser leur rêve
et vont au bout de leurs idées.
M. C.

À Julie, ce survol d'une terre qui ne lui est pas inconnue,
avec mon affection et ma tendresse.
D. Y.

Du Mont-Saint-Michel à Nantes

CÔTES de BRETAGNE

The Brittany coastline

Photographies : Michel Coz
Textes : Daniel Yonnet

Traduction : Lisa McElroy, CG Traduction, Versailles

PALANTINES

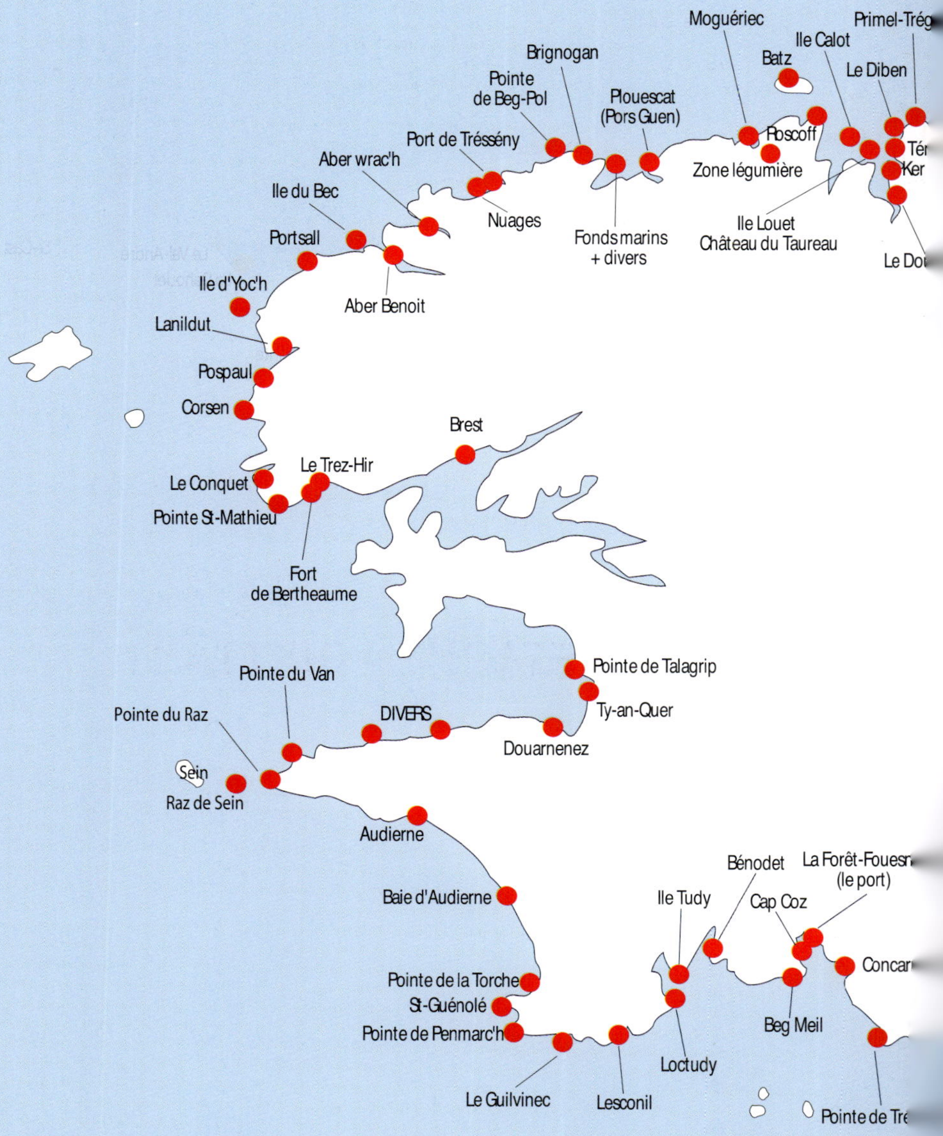
Moguériec
Primel-Trég
Batz
Ile Calot
Le Diben
Brignogan
Pointe
de Beg-Pol
Plouescat
(Pors Guen)
Roscoff
Tér
Ker
Port de Tréssény
Zone légumière
Aber wrac'h
Ile du Bec
Nuages
Fonds marins
+ divers
Ile Louet
Château du Taureau
Portsall
Le Dou
Ile d'Yoc'h
Aber Benoit
Lanildut
Pospaul
Corsen
Brest
Le Trez-Hir
Le Conquet
Pointe St-Mathieu
Fort
de Bertheaume
Pointe de Talagrip
Pointe du Van
Ty-an-Quer
Pointe du Raz
DIVERS
Douarnenez
Sein
Raz de Sein
Audierne
Bénodet
La Forêt-Fouesn
(le port)
Baie d'Audierne
Ile Tudy
Cap Coz
Concar
Pointe de la Torche
St-Guénolé
Beg Meil
Pointe de Penmarc'h
Loctudy
Le Guilvinec
Lesconil
Pointe de Tre

BRETAGNE - BRITTANY

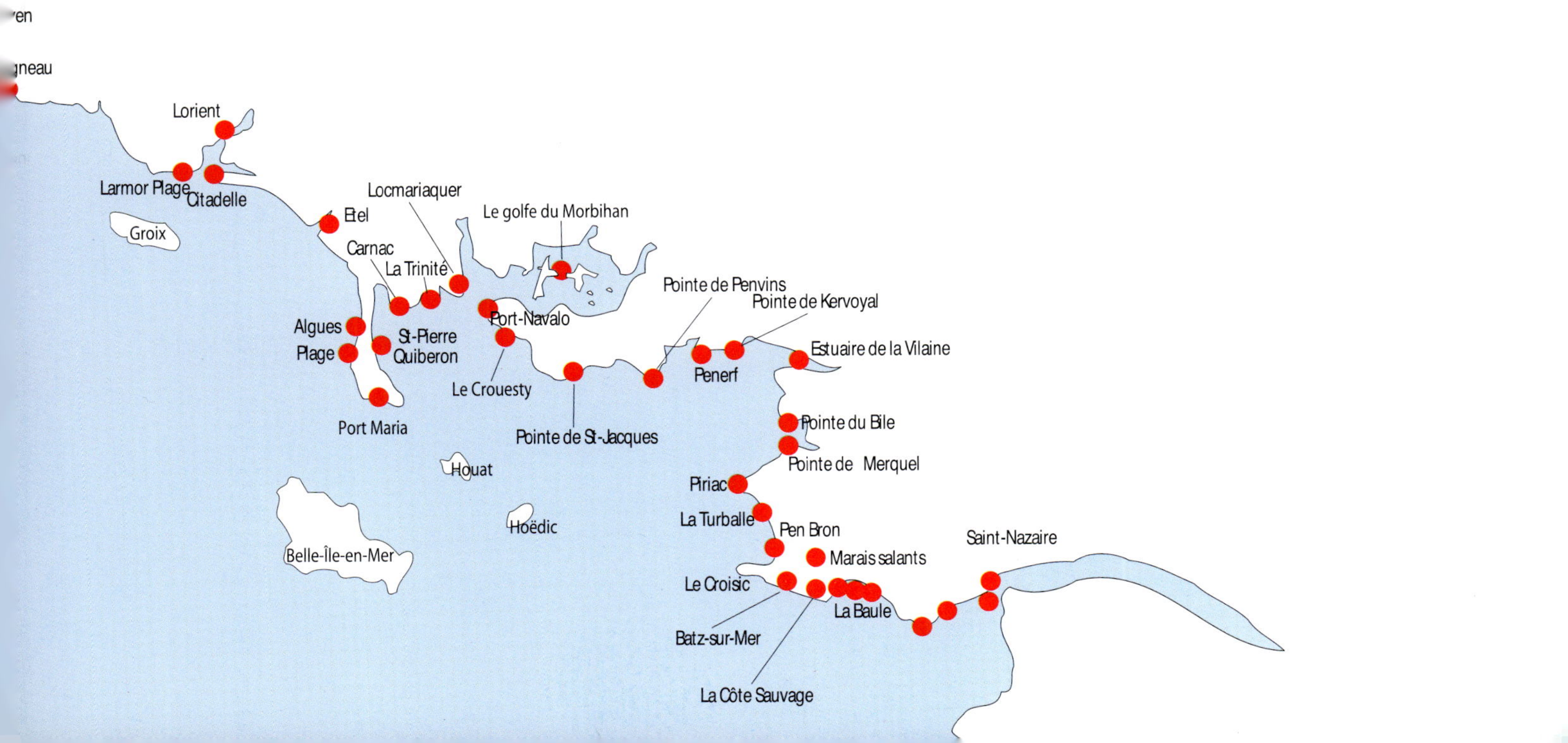

Île Noire

Côtes de Bretagne - The Brittany coastline

Du Mont-Saint-Michel à Nantes

De là-haut, la Bretagne reste toujours à découvrir. On y tutoie les anges et on prend soudain conscience que nous sommes embarqués sur un lourd vaisseau granitique de 34 000 km² dont la gueule ouverte croque l'océan Atlantique avec férocité. Les côtes dentelées qui la ceinturent sur 1 100 km cachent dans leurs échancrures des centaines de ports et de havres, et tout autant de plages de sable fin.
Et que dire de ces îles qui sont les sentinelles de tout un continent : l'Europe.
Leurs noms sont déjà légendes et rêves. Les Sept-Îles, Ouessant, Molène, Sein, Groix, Belle-Île, Houat, Hoëdic, sans oublier ces jardins sur la mer que sont Bréhat et Batz. Ces îles ont traversé les millénaires, affrontant vents de galerne et tempêtes d'équinoxe, lesquelles ont raboté leurs roches, ciselé leurs rives et fait vaciller sur leur socle les plus grands phares du monde.
Du Mont-Saint-Michel à Nantes, nous vous invitons, en classe tourisme, à la plus belle des promenades.

Looking down on Brittany from above, there always seems to be something new to discover. It feels like you can reach the stars and you suddenly realise that you have boarded a large granite vessel, covering 34,000 km² and whose open mouth fiercely bites into the Atlantic Ocean. The 1,100 km of jagged coastline hide hundreds of ports and harbours, and just as many fine sand beaches.
And what about the islands that stand as sentries for an entire continent : Europe. Their names alone sound like legends and dreams. Les Sept-Îles, Ouessant, Molène, Sein, Groix, Belle-Île, Houat, Hoëdic, not forgetting the sea gardens of Bréhat and Batz. These islands have endured thousands of years, braving the north-westerly wind and equinoctial gales which have ground down their rocks, carved out their shores and made the world's tallest lighthouses flicker on their land.
We invite you to embark upon a guided tour, featuring the most stunning sights, along the coastline from the Mont-Saint-Michel to Nantes.

Le Mont-Saint-Michel

Cette septième merveille du monde, bâtie sur le mont Tombe, un rocher long de 950 mètres pour une hauteur de 80 et d'une superficie de 28 000 m^2, est belle à couper le souffle. Il a fallu mille ans pour construire cette cathédrale des mers, dans une des baies où les marées sont les plus fortes d'Europe. Dédié à l'archange saint Michel, vainqueur du dragon (Satan), le Mont est l'expression triomphante du génie des hommes.

This seventh wonder of the world stands atop the Mont Tombe, a rock that is 950 metres long by 80 metres high, with a surface area of 28,000 m , and is breathtakingly beautiful. It took one thousand years to build this sea cathedral, in a bay where the tides are some of the highest in Europe. The Mont Saint-Michel is the triumphant expression of human genius, dedicated to Saint Michael the Archangel who defeated the dragon, or Satan.

Baie du Mont-Saint-Michel

Trois rivières se jettent dans la baie, dont l'ensablement constant a créé des polders où paissent des milliers de moutons. Aujourd'hui, on veut redonner au Mont son insularité. Les travaux ont commencé mais il faudra une bonne dizaine d'années pour que la mer vienne caresser les remparts, lesquels reposent à même le sable !

Three rivers flow into the bay and the constant build up of silt deposits has created polders where thousands of sheep graze. There are now plans to make the Mont Saint-Michel an island again. Work has started but it will be at least another ten years before the sea once again laps against the ramparts, which lie on the sand !

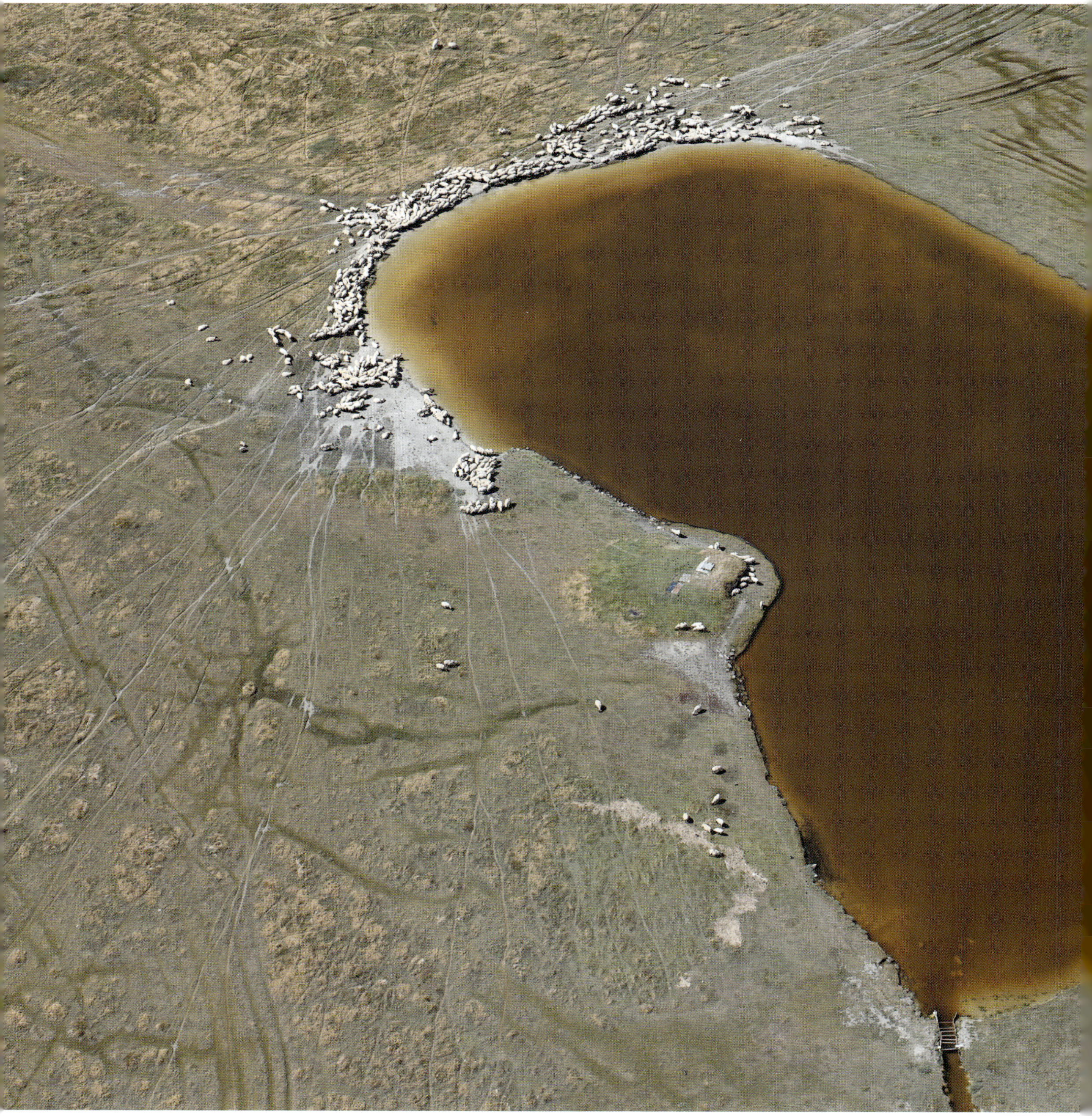

Baie du Mont-Saint-Michel

L'agneau de pré-salé est le fleuron de la vie paysanne dans la baie du Mont-Saint-Michel. Les moutons de la baie, nommés "grévins", sont issus de croisements mal déterminés entre animaux locaux et races anglaises.

The salt marsh lamb is the jewel of farming life in the Mont Saint-Michel bay. The sheep of the bay, known as "grévins", are the result of haphazard cross-breeding between local animals and English breeds.

Cancale

Ici règne l'huître. Louis XIV en dégustait chaque semaine et le duc de Malborough pilla les parcs des Cancalais en 1758. Il en reste une chanson : "Malborough s'en va-t-en guerre" !

Cancale is the place where oysters reign supreme ! Louis XIV used to sample them every week and the Duke of Marlborough raided Cancale's stocks in 1758. A song was written about it : *Malborough s'en va-t-en guerre !* (Marlborough Has Left for the War)

La pointe du Grouin

Ce bel éperon rocheux clôture à l'ouest la baie du Mont-Saint-Michel. Par beau temps, on peut apercevoir la silhouette majestueuse du Mont dans les lointains.

This beautiful rocky outcrop closes off the Mont Saint-Michel bay to the west. On a clear day, its magnificent outline can be seen in the distance.

Pointe du Meinga

Le site, battu par les vents d'ouest, appartient au département d'Ille-et-Vilaine. C'est un des sites importants de nidification des oiseaux migrateurs.

This headland, battered by westerly winds, is in the Ile-et-Vilaine *département* and is an important nesting spot for migratory birds.

Île du Guesclin

Ce joli fort, qui a beaucoup souffert des attaques du temps, se trouve sur la commune de Saint-Coulomb. Il abrita la conjuration bretonne contre la Convention en 1793.

This attractive fort, which has suffered greatly at the hands of time, is located in Saint-Coulomb. It harboured the Breton conspiracy against the 1793 Convention.

La Conchée

Vauban en disait : "C'est mon chef-d'œuvre".
Le 14 juillet 1695, les marines anglaises et hollandaises se cassèrent le nez sur ses murailles.
Le fort appartient maintenant à une association.

Vauban used to say : "It's my masterpiece".
On 14 July 1695, its walls stood in the path of the English and Dutch navies. The fort is now owned by an association.

Rothéneuf

C'est aujourd'hui un des quartiers de Saint-Malo avec ses plages du Pont, du Nicet et du Val, ainsi que ses fameux rochers sculptés par l'abbé Fouré.

Today, Rothéneuf is a district of Saint-Malo with its Le Pont, Nicet and Le Val beaches, in addition to its famous rocks sculpted by Father Fouré.

Cézembre

Les 18 hectares de cette île située à quelques encablures de Saint-Malo, furent le théâtre de terribles bombardements. Les soldats allemands ne se rendirent aux Alliées que par manque d'eau !

This eighteen-hectare island located a few cables' length off the coast of Saint-Malo was heavily bombed. German soldiers only surrendered to the Allies because they ran out of water.

Paramé

Ancienne commune, c'est depuis 1967 un des quartiers
de Saint-Malo avec une magnifique promenade
de 1 600 mètres longeant la plage de Rochebonne.

Paramé was a town before it became a district of Saint-Malo
in 1967, with its spectacular 1,600-metre promenade
along Rochebonne beach.

Fort National

Face au château de Saint-Malo, le Fort National a été construit sur le rocher de l'Islet à partir de 1680 sur les plans de Garangeau.

The Fort National (or National Fort) sits on the rock of L'Islet, opposite the Château de Saint-Malo (or Saint-Malo Castle). It was built in the 1680s according to Garangeau's plans.

Saint-Malo

Haut lieu aujourd'hui de la voile, la cité corsaire enfermée dans ses remparts, mais ouverte sur le monde, rêve toujours d'aventures. Jacques Cartier, Chateaubriand, Duguay-Trouin, Surcouf, La Bourdonnais, Lammenais, Broussais et La Mettrie sont les plus célèbres de ses enfants.

Now a sailing Mecca, the city of corsairs is enclosed by its city walls, but is open to the world and still dreams of adventure. The likes of Jacques Cartier, Chateaubriand, Duguay-Trouin, Surcouf, La Bourdonnais, Lamennais, Broussais and La Mettrie feature amongst the city's most famous sons.

Dinard

Face à Saint-Malo, voici Dinard et ses 407 villas classées. Un chic à l'anglaise en bord de Rance qui, depuis la Belle Époque, ne s'est jamais démenti. Casino, thalassothérapie, Festival du film britannique, golf, tennis, plage, en font un haut lieu du tourisme breton.

Opposite Saint-Malo, along the banks of the Rance River, nestles Dinard and its 407 listed villas. The resort has remained quintessentially British since the Belle Époque. Its casino, spa, British Film Festival, golf course, tennis courts, and beach make it a prestigious tourist destination in Brittany.

Dinard

Le grand casino de la ville a été construit en 1902 sur le square des Falaises et a subi, depuis, de nombreuses modifications. Ainsi en 1916, on transforma une salle du rez-de-chaussée en cinéma, lequel existe toujours sous le nom des *Alizés*. Après la guerre de 1914-1918, le casino prendra de la hauteur avec deux étages supplémentaires.

The town's *Grand Casino* was built in 1902 on the Square des Falaises (or *Cliffs Public Garden*) and has undergone many renovations. In 1916, one of the ground-floor rooms was turned into a cinema, which still exists under the name of Alizés. After the First World War, the casino grew in loftiness with two extra floors.

Pointe du Décollé

Pour découvrir ce balcon sur la mer, il faut passer par Saint-Lunaire. Mais cette pointe vous offre une des plus belles vues sur Saint-Malo.

You need to go via Saint-Lunaire to discover this balcony over the sea. But from there the headland offers you one of the most beautiful views over Saint-Malo.

Saint-Briac

Village de pêcheurs partant à la Grande Pêche, celle de la morue, ce fut surtout un village de cap-horniers avant de devenir une élégante station touristique.

This was initially a village of fishermen who would head out deep-sea fishing for cod. It was first and foremost a village of Cape Horners before becoming a stylish tourist resort.

Les Hébihens

Cette île d'une vingtaine d'hectares, face à Saint-Jacut, a été habitée par les Coriosolites, une tribu gauloise qui battait monnaie.

This island, located opposite Saint-Jacut, has a surface area of around twenty hectares, and was inhabited by the Coriosolites, a Gaulish tribe who struck coins.

Pointe du Chevet

Toujours sur la commune de Saint-Jacut, cette pointe, très fréquentée par les peintres amateurs, offre un joli panorama sur les Hébihens.

Still in Saint-Jacut, this headland offers a picturesque panorama over the Hébihens island and is extremely popular with amateur painters.

Saint-Cast

Longue de deux kilomètres, la route qui longe la grande plage mène à la pointe de la Garde.

The two-kilometre road that runs alongside the main beach leads to the Pointe de la Garde (or *Garde Headland*

Saint-Cast

C'est sur cette grande plage qu'en 1758, le duc d'Aiguillon et les troupes bretonnes triomphèrent des Britanniques.

It was on this sweeping beach that the Duc d'Aiguillon (or *Duke of Aiguillon*) and Breton troops defeated the British.

Fort La Latte

Une forteresse sur la mer, un joyau de l'art militaire dominant la Manche de plus de 60 mètres. Il servit de décor à de nombreux films dont *les Vikings*, de Richard Fleischer, avec Kirk Douglas.

This sea fortress is a masterpiece of military art, overlooking the Channel from over sixty metres. It was used as a backdrop for many films including *The Vikings* featuring Kirk Douglas.

Cap Fréhel

Devant le grandiose de ce paysage, c'est l'émotion qui l'emporte. Des falaises de grès et de porphyre d'une hauteur de 70 mètres plongent dans les eaux tourbillonnantes de la Manche.

You will get carried away with emotion faced with the grandeur of this landscape. Sandstone and porphyry cliffs plunge from a height of 70 metres into the choppy waters of the Channel.

Cap-Fréhel

Deux phares dominent le site. Le plus petit était, il y a 300 ans, une simple tour à feu. L'autre a été érigé en 1950. Sa portée est de 100 kilomètres.

Two lighthouses overlook the area. Three hundred years ago, the smallest was just a fire tower. The other was erected in 1950 and can be seen for one hundred kilometres.

Sables-d'Or-les-Pins

Voici la plage où naquit en 1921 une station balnéaire voulue par des Parisiens conquis par la beauté des dunes et la qualité du sable… d'or.
On y développa un style anglo-breton.
On construisit une ligne de chemin de fer, un casino.
On fit venir la Comédie française et les auto-chenilles Citroën de la Croisière Jaune. Aujourd'hui, la station est devenue plus familiale.

This was the beach which, in 1921, witnessed the emergence of a seaside resort much desired by Parisians who were won over by the beauty of the dunes and quality of the golden sand.
An Anglo-Breton style emerged and a railway line and casino were built. We brought along the *Comédie française* and Citroën half-tracks from the *Croisière Jaune* ("the Yellow Cruise") expedition. Nowadays the resort is more family oriented.

L'îlot Saint-Michel

Plantée sur sa roche, crucifiée par les quatre vents, la chapelle Saint-Michel appartient à la commune d'Erquy. Elle est accessible à pied à marée basse.

Erquy's Saint-Michel chapel sits perched atop a rock, battered by the four winds. It can be accessed at low tide.

Cap d'Erquy

Site classé depuis 1978 et racheté par le Conseil général des Côtes-d'Armor, ses falaises de grès rose pitonnent à 60 mètres à la plage des Vallées.

A protected site since 1978 and bought by the Côtes-d'Armor *département* council, these pink sandstone cliffs plunge from a height of sixty metres onto the Vallées beach.

Erquy

On continue souvent d'appeler *Régineens* les habitants d'Erquy. C'est pourtant une erreur de lecture qui a longtemps fait croire que le nom antique de la ville était *Reginea*, alors qu'il fallait lire *Reginca*, ancienne dénomination de la Rance.

The inhabitants of Erquy are still often called *Régineens.* It is, however, due to a misreading which, for years, has led people to believe that the town's ancient name was *Reginea,* when in fact it should have read *Reginca,* the old name for the Rance river.

Le Val-André

On a découvert en 1925 à la plage des Vallées des restes de mammouth ainsi que des silex, ce qui prouve que nos ancêtres suivaient le gros gibier dans ses déplacements. La station a commencé à grandir à la fin du XIXe siècle avec l'implantation d'un casino, d'un théâtre, d'un cinéma et d'une grande chapelle (Notre-Dame) créée par les religieuses de Saint-Quay en 1890.

In 1925 mammoth remains and flints were found on the Les Vallées beach, which proves that our ancestors were big game hunters. The resort began to thrive in the late 19th century with the opening of a casino, a theatre, a cinema and a large chapel (Notre-Dame) founded by the nuns of Saint-Quay in 1890.

Pléneuf-Val-André

Classé parmi les plus beaux golfs d'Europe selon le *Peugeot Golf Magazine U.S.*, ce 18 trous longe la plage des Vallées.

The 18-hole golf course that runs along the Les Vallées beach is ranked among the most beautiful courses in Europe according to *Peugeot Golf Magazine U.S.*

Dahouët

Le joli port de Dahouët, qui abrita tant de terre-neuvas, s'est reconverti dans la coquille Saint-Jacques et la plaisance.

This lovely harbour, which was once a haven for many a fishing boat, has shifted its focus to scallops and yachting.

Pointe des Guettes

La lande, ici de la bruyère cendrée à clochettes rouges, souffre sous les vents d'ouest tandis que la marée découvre les parcs à moules de la commune d'Hillion, dont la production représente 10 % de la mytiliculture française.

The moors covered in red bell heather are battered by westerly winds while the tide recedes to reveal the mussel beds of Hillion, which produces 10 % of France's mussels.

Baie de Saint-Brieuc

À marée basse, les algues vertes provenant des nitrates se déposent sur le sable. En grande quantité, elles sont dangereuses et les communes de la baie les ramassent plusieurs fois par an.

At low tide, green seaweed, the result of nitrates, can be seen washed up on the beach. This can be dangerous in large quantities and the towns and villages around the bay pick them up several times a year.

Baie de Saint-Brieuc

Mais la baie, c'est avant tout de très jolies villes comme Hillion, Cesson, Yffiniac, Saint-Brieuc ou encore Binic et Saint-Quay-Portrieux.

Thankfully, there is much more to the bay than green seaweed ! It is also surrounded by beautiful towns and villages such as Hillion, Cesson, Yffiniac, Saint-Brieuc, Binic and Saint-Quay-Portrieux.

Binic

Un port en plein cœur de la ville !
Une fête de la Morue, chaque été, rappelle avec nostalgie que ce port fut un des hauts lieux de la Grande Pêche. La plaisance a pris le relais et beaucoup d'équipages anglais viennent y faire escale.

The harbour is in the very heart of the town. Every summer, a Cod festival reminds us of the good old days when the port was a Mecca for deep-sea fishing. Yachting has now taken over and many English crews use it as a port of call.

Île Harbour

Quatre années ont été nécessaires pour bâtir ce petit phare en 1850 sur l'îlot le plus élevé de l'archipel de Saint-Quay-Portrieux, qui reste accessible à marée basse.

It took four years to build this little lighthouse in 1850 on the highest islet in the Saint-Quay-Portrieux archipelago, which can still be accessed at low tide.

Saint-Quay Portrieux

Les bonnes fées se sont penchées sur ce port en l'enchâssant dans des frontières naturelles. Au nord, falaises et plages ; au sud, c'est la modeste rivière Ic et à l'ouest, le Leff croise le Trieux. Sixième ou septième port français, Saint-Quay est la capitale de la coquille Saint-Jacques et la patrie de Louis Malbert qui, avec le remorqueur *Iroise*, sauva deux cents vies et dont le personnage inspira le film *Remorques*.

This harbour must have had a fairy godmother as it fits exactly into natural borders. To the north there are cliffs and beaches ; to the south the little Ic river and to the west the Leff and Trieux rivers meet. Saint-Quay is France's sixth or seventh largest port, the capital of scallops and the home of Louis Malbert who, with the tugboat *Iroise,* saved two hundred lives.

Pointe du Bec de Vir

Une superbe vue sur la baie de Saint-Brieuc, de Bréhat au cap Fréhel sans oublier l'anse de Saint-Marc !

There is a spectacular view over the Saint-Brieuc bay, from Bréhat to Cap Fréhel, not to mention the Anse de Saint-Marc (or *Saint-Marc Cove*) !

La pointe de Minard

Située en Plouézec et culminant à 70 mètres au-dessus des flots, cet éperon fut sous l'Empire doté d'une batterie d'artillerie qui servit à repousser les ambitions anglaises.

Located in Plouézec, and rising to a height of seventy metres above the waves, this outcrop was equipped with an artillery battery under the Empire which helped drive back English conquests.

Le grand Mez du Goëlo

La commune de Paimpol est assise sur une terre volcanique. Ces îlots de laves en coussin (*pillow lavas*) seraient nés d'une éruption vieille de plus de 600 millions d'années. On peut les observer depuis la pointe du Guilben.

Paimpol sits on volcanic ground. These islets of pillow lava are said to have originated from an eruption that occurred over six hundred million years ago. They can be seen from the Pointe du Guilben (or *Guilben Headland*).

Saint-Riom

Comme aujourd'hui elle est belle et charmante, cette île dont les habitants durent se réfugier sur le continent lors de la venue de pillards anglais en 1758. Pour se venger, ceux-ci tuèrent toutes les vaches de l'île !

Look how beautiful and charming this island is today ! The very same island whose inhabitants were forced to seek refuge on the mainland when English looters arrived in 1758. The English sought their revenge by killing all the cows on the island !

Porz Even

C’est un village de pêcheurs qui a conservé son authenticité. Si on ne part plus sur les bancs de Terre-Neuve, on drague la coquille Saint-Jacques et on pêche, outre les bars et les lieus, les homards et les crabes.

This fishing village has remained authentic. Even though we may no longer set off for the banks of Newfoundland, we do dredge for scallops and fish for lobsters and crabs in addition to bass, coley and pollack.

Paimpol

Tous les ans, la ville chante sa nostalgie de la bourlingue et des coups de tabac sur ses quais. Les loups de mer en maillot rayé sont toujours sympas.

Every year, the town sings nostalgically of sailing and squalls on the quays. Old seadogs in striped jerseys are as friendly as ever.

Paimpol

Ici point de falaise, n'en déplaise à *la Paimpolaise* de Botrel, lequel pourtant ne mit jamais les pieds dans cette ville.

There are no cliffs here, with all due respect to Botrel and his *Paimpolaise,* never having set foot in this town.

Bréhat

Voici une île à deux visages. L'île du Sud, à dix minutes de l'embarcadère de l'Arcouest, prend des allures de Méditerranée avec palmiers, mimosas, figuiers et pins maritimes. L'île du Nord est plus aride. Elle trempe son nez dans la Manche et semble une petite Irlande avec ses murets de pierres sèches.

This is an island with two faces. The southern island, ten minutes from Arcouest pier, looks rather like the Mediterranean with palm trees, mimosas, fig trees and maritime pines. The northern island is more arid. Its nose dips into the Channel and it looks like a miniature version of Ireland with its low dry-stone walls.

Béniguet

Mais Bréhat est aussi un archipel avec une pléiade d'îlots comme Raguénes Meur, Lavrec, Lagadec, La Chèvre, Maudez, Morbic et Béniguet (page de droite).

However, Bréhat is also an archipelago with a host of little islets such as Raguénes Meur, Lavrec, Lagadec, La Chèvre, Maudez, Morbic and Béniguet (above).

Lézardrieux

La rivière du Trieux offre des profondeurs si intéressantes que le magnifique port de plaisance d'aujourd'hui faillit devenir un port de guerre ! En 1886, en effet, Lézardrieux servit de refuge aux torpilleurs. Le président Félix Faure le visitera dix ans plus tard. Mais l'agriculture et la pêche repousseront les ambitions de la Marine nationale.

The depths of the Trieux river are so interesting that today's wonderful marina almost became a naval base ! In 1886, Lézardrieux was indeed used as refuge for torpedo boats. French President Felix Faure paid it a visit ten years later. But agriculture and fishing soon warded off any sights the French navy may have had on the town.

Île à Bois

C'est une île privée dont on peut faire le tour à pied à marée basse et qui propose un joli panorama sur la côte du Goëlo. L'île elle-même concentre de nombreux blockhaus datant de la dernière guerre.

This is a private island that can be walked around at low tide and which offers a beautiful panorama over the Goëlo coast. The island also features many Second World War blockhouses.

Sillon de Talbert

Cette curiosité de la nature est bien vivante. Elle ressemble à un gigantesque serpent de trois kilomètres de long sur trente mètres de large, composé de milliers de tonnes de coquillages, de gravier, de sables que charrient le Jaudy et le Trieux.

This, one of nature's mysteries, lives on. It looks like a giant snake, three kilometres long and thirty metres wide, made up of thousands of tonnes of shells, gravel, and sand swept along by the Jaudy and Trieux rivers.

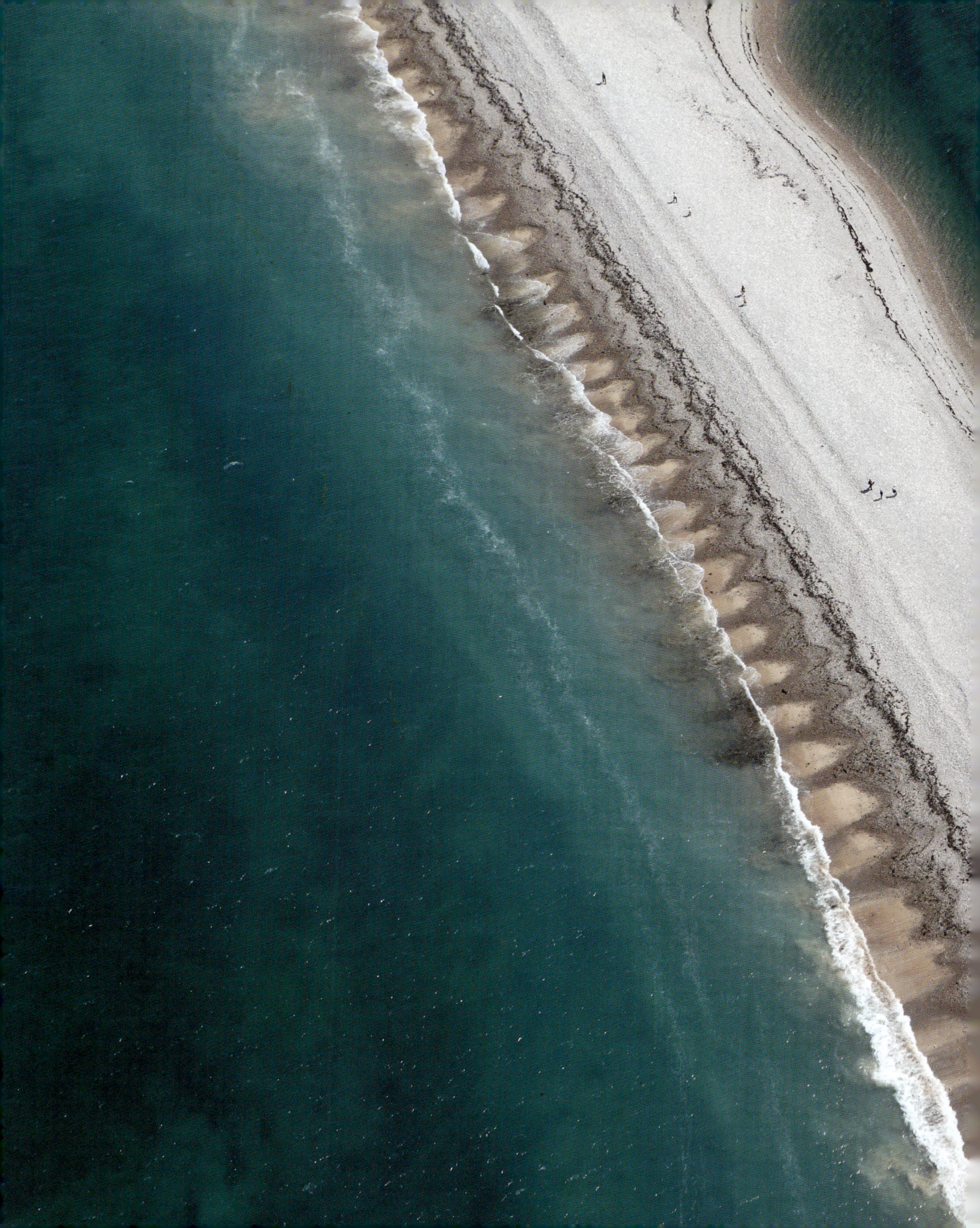

Sillon de Talbert

Bercé par les courants, le sillon trace sa route, protège Pleubian du caprice des vents et entasse sur ses flancs des dizaines de tonnes d'algues que les agriculteurs récoltent. Mais attention, ce serpent de pierres a la fragilité de l'orvet.

Soothed by currents, the *sillon* traces out its path, protects Pleubian from the whims of the wind and piles up on the slopes tens of tonnes of seaweed that are then gathered by farmers. But watch out, this stone snake is as fragile as a slow worm.

Île d'Er

En breton, elle se nomme Terc'h, ce qui veut dire "bâton" mais un bâton qui servait à jouer à une sorte de croquet. Les gallo-romains exploitaient son plomb argentifère. Ce domaine privé, accessible à marée basse, stocka dans des fosses les déchets mazoutés du *Torrey Canion*, de l'*Amocco* et du *Tanio*.

In Breton, this island is called Terc'h, which means "stick" but the kind of stick that was used to play a type of croquet. The Gallo-Romans exploited it for its galena. It is private property but can be accessed at low tide. In pits lie the oil-covered wreckages of the *Torrey Canion,* the *Amoco* and the *Tanio.*

Houenez

Un petit paradis accessible à marée basse, sur la commune de Plougrescant.

A mini paradise in Plougrescant, which can be accessed at low tide.

Le Gouffre

Ce lieu-dit de la commune de Plougrescant possède cette maison (Castel Meur), coincée entre deux impressionnantes roches. Construite en 1861, elle est devenue célèbre dans le monde entier grâce à la carte postale.

This house (Castel Meur) wedged between two striking rocks is located in this small place (*lieu-dit*) in Plougrescant. Built in 1861, it became world famous thanks to the postcard.

Tréguier

Le 17 octobre 1253, naissait dans cette ville saint Yves : Yves Hélory, "l'avocat des pauvres". Patrie de Renan, d'Anatole Le Bras, de Pollès, la cité connut aussi l'impression, en 1498, du premier dictionnaire breton-français-latin, le fameux *Catholicon*.

On 17 October 1253 this town saw the birth of Saint Yves : Yves Hélory, "advocate of the poor". Home to Renan, Anatole le Braz, and Pollès, in 1498 the town also saw the printing of the first Breton-French-Latin dictionary, the famous *Catholicon*.

Île du Milieu

L'Île du Milieu est un simple amas rocailleux à la forme étonnante, dépendant de la commune de Plougrescant.

This is simply a rocky heap but is an amazing shape. It is part of the town of Plougrescant.

Île d'Illiec

Charles Lindbergh, premier aviateur à avoir traversé l'Atlantique en 1927, tomba amoureux de cette île dont il fut l'heureux propriétaire pendant de nombreuses années.

Charles Lindberg, the first man to fly over the Atlantic in 1927, fell in love with this island and was its proud owner for many years.

Île Tomé

Elle ressemble à un immense saurien de 350 mètres de large et long de 1 500 mètres, dont les écailles rocheuses constitueraient la colonne vertébrale. On dût éliminer les rats qui avaient proliféré sur cette terre inhabitée, tout comme les lapins. Elle n'est plus fréquentée que par les oiseaux de mer.

It looks like a huge lizard, 350 metres wide and 1,500 metres long, whose rocky scales make up the spinal column. Both rats and rabbits proliferated on this uninhabited land and had to be eradicated. Its only visitors now are seabirds.

Perros-Guirec

Ici, le granit est rose bonbon et la côte ne compte plus ses immenses roches. C'est monsieur Le Bihan qui lança la station balnéaire en créant l'hôtel de la Plage en 1895, hôtel dont il soulignait le confort "moderne et le plus absolu". Aujourd'hui, Perros-Guirec est une destination touristique de haute réputation. Casino, grands hôtels, clubs, palais des Congrès, port de plaisance et bassin à flot en font une des stations préférées des touristes avec Trestaou, sa plage à la mode.

Here, the coastline is made up of countless enormous rocks and candy-pink coloured granite. Joseph Le Bihan started up the seaside resort by establishing the *Hôtel de la Plage* in 1895, emphasizing how very comfortable and modern it was. Nowadays, the resort of Perros-Guirec is held in very high esteem, with its casino, luxury hotels, clubs, convention centre, marina and wet dock, not to mention its trendy beach Trestaou.

Île Rouzic

Cet imposant nichoir à l'est des Sept-Îles accueille 20 000 couples de fous de Bassan, sans compter les macareux moines, les puffins des Anglais et les pingouins torda. Des caméras surveillent tout ce petit monde. Débarquement interdit. Sur ses flancs rocheux, des phoques gris somnolent.

This impressive nesting spot to the east of the Archipel des Sept-Îles (or *Seven Island Archipelago*) hosts 20,000 pairs of gannets, not to mention puffins, Manx shearwaters and razorbills. Cameras observe this community. Landing here is forbidden. Grey seals can be seen sleeping on its rocky slopes.

Île aux Moines

Elle est la “capitale” de la réserve naturelle des Sept-Îles et reçoit chaque année près de 80 000 touristes. Sa cousine Rouzic possède elle aussi ses colonies d’oiseaux marins. Seule île de l’archipel à disposer d’eau douce en permanence, elle possède un phare de 20 mètres de haut, alimenté en électricité par une éolienne depuis 1957.
À signaler : les ruines d’un fortin construit sous Louis XV.

This is the “capital” of the Sept-Îles nature reserve and welcomes around 80,000 tourists every year. Its sister island, the Île Rouzic, is also home to colonies of seabirds. It is the only island in the archipelago to have a permanent supply of fresh water and has a 20-metre high lighthouse which has been supplied with electricity by a wind turbine since 1957. The ruins of a small fort built under Louis XV are a must-see.

Ploumanac'h

Du phare de Ploumanac'h, on aperçoit l'archipel des Sept-Îles. Tout comme sa cousine Trégastel, Ploumanac'h a donné à ses rochers aux formes amusantes des surnoms étonnants, tels le Chapeau de Napoléon, le Sabot renversé et l'Éléphant sans trompe.

From Ploumanac'h's lighthouse, you can see the Archipel des Sept-Îles (or *Seven Island Archipelago*). Like in Trégastel, the funny-shaped rocks in Ploumanac'h have surprising nicknames such as the *Chapeau de Napoléon* (or Napoleon's hat), the *Sabot renversé* (or upside down clog) and the *Éléphant sans trompe* (or Elephant without a trunk).

Costaérès

En 1892, l'ingénieur polonais Abakanovich achète cette île pour y construire un château... médiéval. Une folie qui va se révéler un coup de maître, surtout pour la Côte de Granit rose qui en fera son emblème ! C'est sur cet îlot que les pêcheurs de Ploumanac'h et de Trégastel venaient jadis faire sécher les algues, les thons et les raies.

In 1892, the Polish engineer Abakanovich bought this island with a view to building a castle on it... a medieval castle. This folly turned out to be a masterstroke, especially for the *Côte de Granit rose* (or Pink Granite Coast) for which it would later become the emblem ! It was on this islet that Ploumanac'h and Trégastel's fishermen used to dry seaweed, tuna and skate.

Trégastel

On trouve ici une douzaine de plages de sable fin comme Tourony, Touldrez et Coz-Porz, et des roches aux noms étranges comme la Sorcière, le Tas de crêpes, le Tire-bouchon, les Tortues ou encore le roi Gradlon.
La commune possède aussi un patrimoine religieux exceptionnel et de nombreux menhirs et dolmens.

There are a dozen fine sandy beaches such as Tourony, Touldrez and Coz-Porz, and rocks with strange names such as *la Sorcière* (or the Witch), *le Tas de crêpes* (or the Pile of Crêpes), *le Tire-bouchon* (or the Corkscrew), *les Tortues* (or the Tortoises) or even *le roi Gradlon* (or King Gradlon). Trégastel also has an outstanding religious heritage and numerous standing stones and dolmens.

Île Grande

Il se chuchote que sur la grève, Morgane chercha en vain le roi Arthur. C'est dans une des maisons du bourg que Joseph Conrad, alors jeune marié, commença à écrire les premières lignes du *Nègre de Narcisse* en avril 1896, après avoir hésité entre le français qu'il parlait parfaitement et l'anglais. Il opta finalement pour l'anglais.

It is said that on the strand, Morgan hunted in vain for King Arthur. It is in one of the village's houses that Joseph Conrad, as a newlywed, started to pen the first lines of the Nigger of the 'Narcissus' in April 1896, after hesitating between French, which he spoke fluently, and English. In the end, he chose English.

Île Molène

Toute petite, à deux kilomètres du rivage, elle regarde Trébeurden dans les yeux. 300 mètres de long sur une centaine de large mais un sable si fin qu'il attire les mordus de bronzage.

This tiny island, only two kilometres from the shore, looks Trébeurden straight in the eyes. Three hundred metres long by one hundred wide but with such fine sand that it attracts sunbathing addicts.

Île Molène

Huîtriers, goélands argentés et cormorans huppés sont les véritables propriétaires de ce domaine fragile, même s'ils tolèrent la présence d'un ou deux bateaux.

Oyster catchers, herring gulls and shags are the true owners of this fragile place, although they may allow one or two boats to moor.

Trébeurden

Son âge : 22 000 mille ans ! Un site que les hommes ont habité depuis la Préhistoire. Dolmens et menhirs peuplent le paysage, tout comme les chapelles, les oratoires discrets et les fontaines miraculeuses. Ses sept plages ont, dès 1921, permis à Trébeurden de recevoir le label “station touristique”. Si au départ la cité s'est développée autour de son port de pêche, son port de plaisance de Trozoul a désormais pris le relais.

This 22 million year-old site has been inhabited by humans since Prehistoric times. Standing stones and dolmens are dotted across the countryside, as are chapels, discreet oratories and miracle fountains. Thanks to its seven beaches, Trébeurden was accredited as a “tourist resort” in 1921. Although the town originally sprung up around its fishing port, its marina in Trozoul has since taken over.

Le Yaudet

À l'embouchure du Léguer, le Yaudet étonne toujours le voyageur par la qualité de son site gaulois voué, semble-t-il, à la déesse de la fécondité tandis que sa chapelle présente la Vierge accouchant de Jésus, unique représentation mondiale de cet événement, et aussi par quelques ex-voto émouvants constitués de maquettes de bateaux suspendues à la nef.

At the mouth of the Léguer river, Le Yaudet never ceases to amaze travellers thanks to the quality of its Gallic settlement that seems to be dedicated to the Goddess of fertility. Meanwhile the chapel reveals the Virgin Mary giving birth to Jesus, the world's only depiction of this event, in addition to some moving commemorative plaques made from model boats hanging from the nave.

Pointe de Séhar

Pour atteindre cette pointe qui s'ouvre sur la Manche, tel un éventail, il faut passer par le joli port (jadis sardinier) de Locquémeau. L'enclos de sa magnifique église du XVIe siècle abrite un ossuaire.

In order to reach this headland that opens up into the Channel like a fan, you need to go through the pretty little port of Locquémeau which was formerly dedicated to sardine fishing. The grounds of its wonderful 16th century church contain an ossuary.

Locquirec

Nous voici en Finistère dans une commune qui présente deux visages. L'un souriant, lorsqu'elle regarde vers les Côtes-d'Armor, l'autre plus austère quand elle louche vers Beg-an-Fry. C'est le Douron qui marque la frontière entre les deux départements.

Here we are in the Finistère *département*, in a town with two faces. One is smiling, looking out to the Côtes-d'Armor, the other more serious, looking towards Beg-an-Fry. The Douron river marks the border between the two *départements*.

Beg-an-Fry

La roche fait le dos rond tel un chat matois. C'est de là qu'en 1943 et 1944 partirent pour l'Angleterre, à la barbe des guetteurs allemands, de nombreux résistants dont un certain Jacques Morland, alias François Mitterrand.

This rock has a rounded back like a crafty cat. It was from this place in 1943 and 1944 that, under the watchful eye of the Germans, many resistant fighters left for England, including a certain Jacques Morland, aka François Mitterrand.

Primel -Trégastel

Elle est la plage la plus importante de la commune de Plougasnou mais également le lieu privilégié des mordus de l'escalade qui ont maintenant, pour s'exprimer, une dizaine de voies ouvertes sur la pointe granitique surplombant la mer.

This is the largest beach in Plougasnou but is also a favourite spot for climbing enthusiasts who now have a choice of around ten routes which open out onto the granite headland overhanging the sea.

Primel -Trégastel

Sur les hauteurs de Primel, cachée au milieu des roches granitiques et des landes, la maison du douanier a été abandonnée il y a fort longtemps. Elle a perdu ses fenêtres et sa porte. Napoléon avait chargé ce douanier d'observer la Manche car il craignait que l'Angleterre forcât le blocus qu'il avait décrété le 21 novembre 1806... depuis Berlin.

On the hills of Primel, hidden amongst the granite rocks and heaths, lies the customs house which was abandoned a very long time ago. This house no longer has windows or a door. Napoleon appointed the customs officer to watch over the Channel because he feared that England would break the blockade he had declared on 21 November 1806... in Berlin.

Le Diben

À l'estuaire de la rivière de Morlaix, face à l'imposant château du Taureau, ce petit port, dépendant de Plougasnou, pratique la pêche côtière.

At the estuary of the Morlaix river, opposite the impressive Taureau castle, lies this little inshore fishing port which is part of Plougasnou.

Barnenez

Ce "Parthénon du Néolithique" comme l'a surnommé André Malraux, est situé dans la presqu'Île de Kernelehen, promontoire rocheux s'élevant une quarantaine de mètre au- dessus des eaux de la Manche.
Le cairn mégalithique dispose de onze chambres construites à deux époques différentes. La plus ancienne daterait de 4 500 ans avant J.-C. et la plus récente aurait été construite 1 000 ans plus tard. Ce cairn a été sauvé par deux Morlaisiens qui s'inquiétèrent de voir les pierres sèches de ce monument servir à la construction de maisons d'habitations !

This "*Parthénon du Néolithique*" (Neolithic Parthenon), as nicknamed by André Malraux, is located on the peninsula of Kernelehen, a rocky promontory rising to around forty metres above the waters of the Channel. The cairn has eleven rooms built at two different moments in history. The oldest part is said to date to 4,500 years BC and the more recent part is thought to have been built 1,000 years later. This cairn was saved by two Morlaix inhabitants who were worried that this monument's dry stones would be used to build new dwellings !

Térénez

Un joli petit port d'échouage dans la baie de Morlaix,
avec quelques coffres réservés aux plaisanciers et à l'école de voile.

A pretty little dry harbour in the Morlaix bay, with several berths intended for yachtsmen and the sailing school.

Kerarmel

Toujours dans la baie de Morlaix, la palud et les grèves de Kerarmel abritent des établissements ostréicoles importants.

Still within the Morlaix bay, Kerarmel's shores and marshland are a home for large oyster farms.

Le Dourduff

Cette paisible rivière trégorroise se jette dans la baie de Morlaix. Son appellation bretonne signifie “eau noire”, faisant référence à l’importante vasière où coule cette rivière.

This peaceful Trégor river flows into the Morlaix bay. Its Breton name means “black water”, referring to the tidal mudflats this river flows into.

Île Stérec

Cette île couverte de pins était très fréquentée par les hommes du néolithique qui exploitaient sa pierre de granit blanc, laquelle servit d'ailleurs à la construction du cairn de Barnenez. C'est de celui-ci que l'on embrasse d'un seul coup d'œil l'étonnant paysage de la baie de Morlaix.

This island covered in pine trees was frequently visited by Neolithic men who used its white granite stone to build, for example, the Barnenez cairn. From this place you can survey the breathtaking landscape of the Morlaix bay in a mere blink of an eye.

Île Louët

Cet îlot trapu ("le jardin" en français), marquant l'entrée de la baie de Morlaix, appartient à la commune de Carantec. Son phare, construit en 1857, est automatisé et a donc rendu disponible la maison des gardiens. Désireuse de protéger ce patrimoine, la commune l'a transformée en gîte rural où le séjour est limité à deux journées.

This compact little island ("the garden" in French) marks the entrance to the Morlaix bay and is part of Carantec. Its lighthouse, built in 1857, has been automated and freed up the keepers' house. In an effort to protect this heritage, the town turned it into a *gîte* which is available for a two-day maximum stay.

Château du Taureau

Sur cet îlot, trois siècles de l'histoire de Bretagne et de France se déroulent tel un douloureux parchemin de pierre. Ce sont les bourgeois de Morlaix qui mirent la main au portefeuille sous François Ier. Vauban lui donna du corps en 1689 et Frézier l'acheva en 1745. Ce fut une abominable prison avant de redevenir forteresse sous Napoléon. Abandonné, le Taureau doit la vie à une association de neuf communes auxquelles s'ajoutent l'État et la Chambre de commerce de Morlaix qui le restaurèrent à l'identique de 1998 à 2006.

Like a sad stone parchment, this small island tells three centuries of Breton and French history. The Bourgeois of Morlaix forked out for the castle under François I. Vauban fortified it in 1689 and Frézier completed it in 1745. It was once a horrible prison before becoming a fortress once again under Napoleon. Left abandoned, the Château du Taureau owes its life to an association of nine towns and villages and to the State and the Morlaix Chamber of Commerce, who restored it to its initial state from 1998 to 2006.

Carantec

On disait naguère que Carantec était la station balnéaire de la bonne société morlaisienne. C'est ici qu'Yvonne de Gaulle s'embarqua pour rejoindre son mari à Londres en 1940.

It was once said that Carantec was a seaside resort for the well-to-do of Morlaix. It was from Carantec that Yvonne de Gaulle set off to join her husband in London in 1940.

Île Callot

En partant de Carantec, on peut atteindre ce petit paradis ancré à six cents mètres de la côte. Une jolie chapelle dédiée à la Vierge (Notre-Dame-toute-puissante) couronne le point culminant (22 m) de cette île longue de trois kilomètres pour une largeur qui varie de quinze à trois cents mètres. Neuf familles habitent encore ce lieu magique.

From Carentec, you can reach this little paradise anchored six hundred metres from the coast. A pretty chapel dedicated to the Virgin (Notre-Dame-toute-puissante) which crowns the highest point (22 metres) of this island which is three kilometres long and between fifteen and three hundred metres wide. Nine families still live in this magical place.

Roscoff

Une superbe église (Notre-Dame-de-Croaz Braz) aux nombreux retables, six chapelles, un premier laboratoire de biologie en 1872, suivi en 1899 du premier centre européen de thalassothérapie, un aquarium marin datant de 1938, un port de pêche, un terminal de car-ferry pour la Grande-Bretagne en 1972 : Roscoff possède une beauté qui en fait une des plus agréables stations du Finistère nord.

A spectacular church (Notre-Dame de Croaz Braz) with numerous altarpieces, six chapels, the first biology laboratory in 1872, followed in 1899 with the first European spa centre, a marine aquarium dating from 1938, a fishing port ; a car-ferry terminal to Great Britain in 1972 : Roscoff's beauty makes it one of the most pleasant resorts of north Finistère.

Roscoff

Port des *Johnnies*, qui partaient vendre les oignons roses de l'autre côté de la Manche, Roscoff a vu passer la reine d'Écosse Marie Stuart et des écrivains célèbres comme Édouard et Tristan Corbière, Alexandre Dumas, Céline, Julien Gracq, Max Jacob, Anita Conti, des peintres de talent tels Signac ou Méheut et des savants comme Jacques ou Henri Monod.

Roscoff is home to the *Johnnies* who would set off to sell their pink onions on the other side of the Channel. Roscoff has hosted Mary Stuart, Queen of Scots and famous writers such as Edouard and Tristan Corbière, Alexandre Dumas, Céline, Julien Gracq, Max Jacob, Anita Conti, talented painters such as Signac or Méheut and scholars such as Jacques Monod and Henri Monod.

Île de Batz

À la fin du XIXe siècle, un original créa, à proximité de la pointe de Pen ar C'hleger et des ruines de la chapelle Sainte-Anne, un jardin colonial en plantant des essences rares.
Sur cette île paradisiaque où il ne gèle pas plus de deux jours par an, tout pousse : choux-fleurs, oignons, carottes, fenouil, etc.
Résultat : les 320 hectares de l'île ressemblent à un jardin sur la mer.

In the late 19th century, close to the Pointe de Pen ar C'hleger
(or *Pen ar C'hleger Headland*) and the Sainte-Anne chapel ruins,
an eccentric created a colonial garden by planting rare species.
Everything grows on this heavenly island
where there are never more than two days of frost
in a year : cauliflower, onions, carrots and fennel, to name but a few.
The island's 320 hectares therefore look like a garden in the sea.

Moguériec

Ce village de 400 âmes, à quelques brasses du bourg de Sibiril, est le plus grand port crabier du Finistère. Un simple abri qui oblige les caseyeurs, en cas de tempête et lors des vives-eaux, à se mettre à l'abri à Roscoff.

This village of 400 inhabitants is a few strokes from Sibiril and is its port. It is the biggest crab fishing port of the Finistère *département* and provides basic protection but the Breton pot-fishing vessels are therefore forced to seek shelter in Roscoff when storms and spring tides occur.

Zone légumière

Ces champs tirés au cordeau forment un échiquier où poussent tour à tour l'artichaut qui est l'emblème de cette région du Léon, le choux-fleur mais aussi l'échalote.

These fields with straight rows form a chessboard where artichokes, the emblem of this region of Léon, c auliflower and shallots alternately grow.

Plouescat

Bien qu'à trois kilomètres de la mer, Plouescat est à la fois maritime et rurale. Cette situation en fait aussi une commune touristique importante, présentant chaque année des courses hippiques qui se disputent dans la baie de Kernic, sur 250 hectares de sable fin. La fête de la Mer de Pors Guen, après un hommage aux marins disparus, anime ses quais, mêlant gastronomie et culture. Un vaste programme !

Although located three kilometres from the sea, Plouescat is both a seaside and a rural town. Its location also makes it a prime tourist destination, hosting yearly horse races which take place in the Kernic bay, on 250 hectares of fine sand. The Pors Guen *fête de la mer* (sea festival), a tribute to sailors lost at sea, livens up the quayside, with a mix of cuisine and culture. A busy programme !

Brignogan

La station balnéaire a poussé entre roches et plages de sable fin, formant une anse à la courbe quasi parfaite. Nous venons d'entrer en Pays pagan (pays "païen"), auquel on doit le fameux *kabig,* plus connu sous le nom de caban. Il se raconte que les gens de la côte mettaient des lanternes sur les cornes des vaches afin de tromper les navires et de les guider sur les rochers les nuits de tempête. N'oublions pas que nous sommes ici sur la côte des Légendes...

This seaside resort grew up through rocks and fine sand beaches, forming an almost perfectly curved cove. We have just entered pagan country, which we have to thank for the famous *kabig,* better known as a reefer jacket. It is said that coastal peoples put lanterns on cows' horns in order to trick ships, guiding them onto the rocks during stormy nights. Don't forget that we are of course on the Coast of Legends...

Guissény-sur-Mer

Les cloches de l'église du XVIIIe siècle se balancent du nord au sud et non pas comme d'habitude d'ouest en est. Habitée depuis la Préhistoire, la commune doit son nom à un moine irlandais, saint Sesny, qui débarqua en 477 avec soixante-dix disciples à Quillimadec. La dépouille du saint fut reprise par les Irlandais. Les Guisséniens durent se contenter d'un bras, lequel est conservé dans un reliquaire du XVIIIe siècle !

Here the bells of the 18th century church swing from north to south and not from west to east as is usually the case. This town has been inhabited since prehistoric times and owes its name to an Irish monk, Saint Sesny, who in 477 landed at Quillimadec with seventy disciples. The saint's remains were recovered by the Irish. The Guissény locals had to make do with an arm, which is kept in an 18th century reliquary.

Pointe de Beg Pol

Construit en 1869, le phare de Pontusval, avec ses 18 mètres de haut, porte à environ 10 milles. Autrefois, sur ce même emplacement, existait un poste de surveillance de garde-côtes. Le dernier naufrage date de 1930 lorsque la *Brière*, navire marchand de 80 mètres, s'échoua dans la baie.

Built in 1869, Pontusval lighthouse is 18 metres high and can be seen around 10 nautical miles away. A coast-guard lookout point used to stand in its place. The last shipwreck was in 1930 when the *Brière*, an 80 metre merchant ship, ran aground in the bay.

Aber Vrac'h

C'est le plus long des trois abers : 33,6 kilomètres de Trémaouézan au phare de l'Île Vierge où il achève sa course. Il doit son nom à un rocher appelé *ar Gwarc'h* ("la vieille"). désignation ambiguë puisque elle peut signifier "le poisson" ou "la vieille femme", "la sorcière".

This is the longest of the three "abers" : 33,6 km from Trémaouézan to the Île Vierge (or *Virgin Island*) lighthouse. It got its name from a rock called Ar Gwarc'h ("*la vieille*"), which is ambiguous since in French it could refer to either a fish or an old woman.

Île Vierge

C'est le plus haut phare d'Europe avec ses 82,5 mètres (sa lanterne porte à 50 kilomètres) mais aussi le plus haut du monde construit en pierres de taille. 402 marches pour tutoyer le ciel. L'escalier est superbe avec ses 12 500 carreaux d'opaline. Il a fallu six ans pour l'ériger de 1896 à 1902. Les derniers gardiens l'ont quitté le 29 octobre 2010.

Standing at a height of 82.5 metres, this is the tallest lighthouse in Europe (its lamp can be seen 50 kilometres away) but it is also the tallest in the world built out of freestone. 402 steps up and you can reach the stars. The beautiful staircase is made from 12,500 opaline tiles. It took six years to build it from 1896 to 1902. The last keepers left it on 29 October 2010.

Aber Benoît

Son patronyme breton, *aber béniguet*, en faisait le “béni”. 31 kilomètres de musardise entre Lannilis et Saint-Pabu. Il couvre un bassin de 140 km aux eaux de qualité où s’affinent les fameuses huîtres de Prat-ar-Coum.

Its Breton name, *aber béniguet*, is what made it “béni” (blessed). Thirty-one kilometres, meandering from Lannilis to Saint-Pabu. It covers a basin of 140 km with quality water which gives the famous Prat Ar Coum oysters their fine taste.

Île du Bec

C'est un modeste îlot, à la rondeur presque parfaite, dépendant de la commune de Lampaul-Ploudalmézeau. On peut y accéder à pied à marée basse.

This is a small, almost perfectly rounded island which is part of Lampaul-Ploudalmézeau. You can walk there at low tide.

Île d'Yoc'h

Cet hectare de mauvaises terres encerclées de roches porte les ruines d'une petite ferme dans laquelle une famille de goémoniers vivait encore dans les années 1920.

This hectare of rough ground surrounded by rocks houses the ruins of a small farm where a family of seaweed harvesters lived until the 1920s.

Portsall

La chaussée de Portsall est magnifique mais dangereuse. En mars 1978, pour avoir voulu passer entre la côte et Ouessant, le pétrolier géant *Amoco Cadiz* s'empala sur ses roches lors d'une terrible tempête, provoquant une des plus grandes catastrophes pétrolières du monde.

The Portsall causeway is spectacular but dangerous. In March 1978, the giant oil tanker *Amoco Cadiz* tried to sail between the coast and Ouessant (or *Ushant*) and ran aground on the rocks during a dreadful storm. This was one of the worst oil disasters the world had ever seen.

Aber Ildut

De Guilers à Lannildut, l'aber Ildut est le plus modeste des abers. À peine 24 kilomètres mais des quais gigantesques en granit qu'il doit aux nombreuses carrières exploitées à proximité de ses rives. On ne compte plus les monuments dont les pierres ont transité par ses quais... La plus célèbre reste le socle de l'obélisque de Louxor à Paris, un bébé de cent tonnes.

From Guilers to Lannildut, Ildut Aber is one of the smallest abers. It is barely 24 kilometres long but quarry activities close to its banks have given it enormous granite docks. The stones used to build countless monuments have passed through these docks. The most famous is still the base of the Obelisk of Luxor in Paris, a lightweight at just one hundred tonnes.

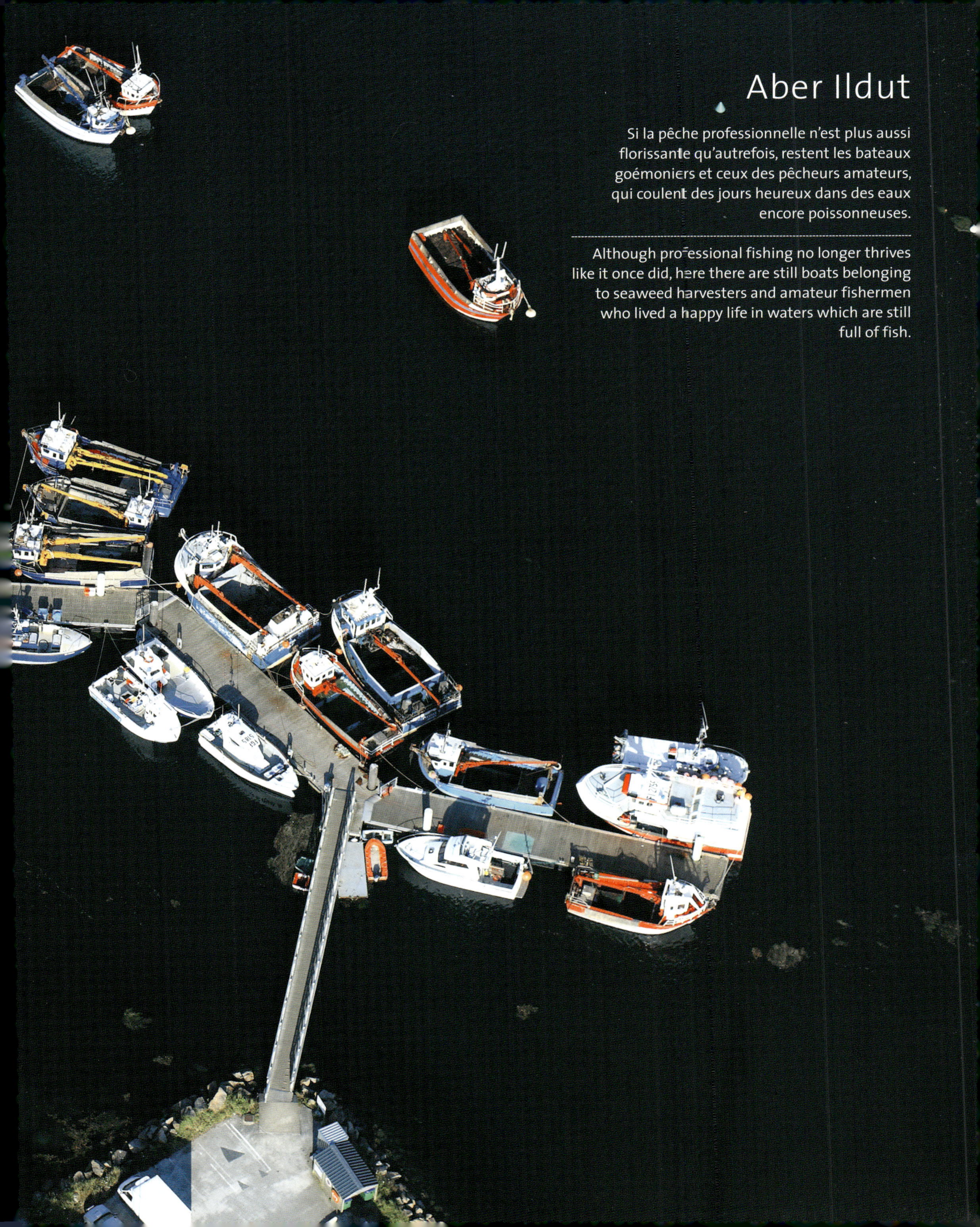

Aber Ildut

Si la pêche professionnelle n'est plus aussi florissante qu'autrefois, restent les bateaux goémoniers et ceux des pêcheurs amateurs, qui coulent des jours heureux dans des eaux encore poissonneuses.

Although professional fishing no longer thrives like it once did, here there are still boats belonging to seaweed harvesters and amateur fishermen who lived a happy life in waters which are still full of fish.

Ouessant

Une pince de crabe d'une trentaine de kilomètres carrés sur lesquels vivent près de mille îliens. Cinq phares qui témoignent, chaque nuit, de la dangerosité de ses parages. Le plus beau, dans son costume noir et blanc, c'est le Créac'h. Quant à la tour de contrôle, elle surveille et régule le trafic maritime depuis la catastrophe de *l'Amoco Cadiz*.

Around a thousand people live on this island shaped like a crab's claw and measuring some thirty square kilometres. Every night, five lighthouses warn against the dangers of its surrounding waters. The most attractive is Créac'h, dressed in a black and white suit. Since the *Amoco Cadiz* disaster, a control tower has been monitoring and regulating sea traffic.

Molène

Pièce maîtresse d'un archipel qui porte son nom. Molène, l'île chauve. Pas un arbre ne pousse. Les ruelles serpentent pour briser les vents des quatre horizons. Le plus beau champ d'algues d'Europe, entre Fromveur et le chenal du Four.

The key feature of an archipelago of the same name. Molène, the bald island. Not a single tree grows here. Numerous winding lanes protect it from the winds from all four points of the compass. It boasts the most attractive fields of seaweed in Europe, between Fromveur and the Chenal du Four (or *Four Channel*).

Porspaul

En Plouarzel, à quelques trois cents mètres du quartier de Trézien, cette plage ne manque pas de charme.

In Plouarzel, about three hundred metres from the Trézien district, lies this charming beach.

Vers Corsen

Sur la commune de Plouarzel, la pointe du Corsen est le point le plus occidental de la France. C'est là que se trouve le Cross Corsen qui veille sur le trafic maritime entre le Mont-Saint-Michel et Penmarc'h.

Part of Plouarzel, the Pointe du Corsen (or *Corsen Headland*) is the most westerly point in France. This is where Cross Corsen (regional search and rescue centre) is located, which monitors sea traffic between the Mont Saint-Michel and Penmarc'h.

Quemenes

Depuis 2007, l'île est à nouveau habitée. Sur les vingt-six hectares où paissent une trentaine de moutons, Soizic le marin et David l'agriculteur ont ouvert un gîte de trois chambres pouvant accueillir dix pensionnaires. Une éolienne fournit l'électricité, la basse-cour donne les œufs et la volaille. Les Robinsons de l'île cultivent une pomme de terre digne des meilleurs crus d'Oléron ou de Ré. Alors ? Tout baigne... Soizic et David ont pris un contrat de neuf ans avec le Conservatoire du littoral et ils ont l'intention d'aller jusqu'au terme.

This island became inhabited again in 2007. On the 26 hectares where around thirty sheep graze, Soizic the sailor and David the farmer opened a three-room *gîte* which can host ten guests. A wind turbine provides electricity, the poultry-yard provides eggs and chicken. The Robinsons of the island grow potatoes every bit as good as the best from the Île d'Oléron (or *Oléron island*) or Île de Ré (or *Ré Island*). So what ? Everything's great... Soizic and David have signed a nine-year contract with the *Conservatoire du littoral* (Coastal Protection Agency) and they intend to see it through to its term.

Le Conquet

C'est "la perle du Léon" en breton. Port à la pointe du Finistère nord où les fileyeurs pêchent lotte, barbue, turbot, langouste ou raie et où les caseyeurs ont fait du tourteau l'emblème de la cité.

In Breton : the "gem of Léon". Port at the tip of north Finistère where gillnetters fish for monkfish, brill, turbot, crayfish, skate and where pot-fishing vessels have adopted the crab as Le Conquet's emblem.

Le Conquet

Le Conquet est aussi un port dont les trafics quotidiens de marchandises et de voyageurs avec Ouessant et Molène sont vitaux pour ces îles. La compagnie *Penn ar Bed* assure ces services plusieurs fois par jour selon les saisons.

The daily goods and passenger traffic between the port of Le Conquet and Ouessant (or *Ushant*) and Molène is crucial for these islands. The company Penn ar Bed provides these services several times a day depending on the season.

Pointe Saint-Mathieu

Ici, tout est démesure. La nature d'abord, avec ses falaises de plus de vingt mètres de haut, avec cet océan qui les escalade certains jours de furie, avec cette abbaye dont les membrures granitiques prient le ciel et auraient protégé le crâne de l'évangéliste Mathieu (dont la relique, dit-on, serait tombée à l'eau), avec cet imposant phare dont la lumière se projette à 55 kilomètres, avec ce sémaphore ayant vue sur le chenal du Four et l'entrée du goulet de Brest.

Inauguré en 1927, le cénotaphe dont la stèle, représentant une femme en pleurs, a été sculptée par René Quillivic. Il n'est ouvert au public que depuis 2005. Il présente en permanence des photos des marins disparus et une sonorisation égrène les noms des bateaux naufragés.

Here, everything is vast. The landscape for starters, featuring twenty-metre high cliffs, an ocean that scales their face on stormy days, and an abbey whose granite structure reaches up to the heavens is said to have protected the skull of the evangelist Matthew whose relic is said to have fallen into the water. Add to that an imposing lighthouse whose light can be seen 55 kilometres away, a semaphore that can be seen on the Chenal du Four and at the entrance to the narrows at Brest.

Inaugurated in 1927, the stele of the cenotaph, depicting a weeping woman, was sculpted by René Quillivic. It only opened to the public in 2005. It also features a permanent photographic exhibition of sailors lost at sea and an audio recording goes through the list of shipwrecked vessels.

Le Trez Hir

C'est la station balnéaire des vieilles familles brestoises, qui ont fait son succès en lui étant fidèle depuis la dernière guerre. Rien n'y manque désormais, club nautique comme piscine d'eau de mer...

This is the favourite seaside destination of old Brest families who have made it successful by remaining loyal to it since the Second World War. It's got everything from a watersports club to a sea water swimming pool.

Fort Berthaume

Acheté en 1990 par Plougonvelin, le fort constitua la première défense avancée de la rade de Brest. Son talon d'Achille : sa passerelle enlevée à plusieurs reprises par les tempêtes. Aujourd'hui, un théâtre de verdure occupe le flanc rattaché au continent et propose des spectacles "son et lumière" tandis que, depuis 2005, ont été mis en place des parcours de varappe.

Bought in 1990 by Plougonvelin, this fort was Brest port's first defence. That said, its Achilles' heel is the bridge which has been brought down several times in storms. Nowadays, an open-air theatre sits facing the continent and hosts "sound and light" shows. In 2005 rock climbing courses were started up.

Brest

Brest possède toujours le cœur bleu marine, bien que ses matafs aient délaissé le pompon rouge et le pantalon à pont pour la casquette et le *jean*. On chante toujours dans les bistrots les chansons d'Ansquer ou de Mac Orlan. Le P'tit Zef aime discourir sur le football, sur l'arsenal dont il est un enfant, sur la pluie qui est une bénédiction divine, sur les filles qui remontent dans le soleil couchant cette rue de Siam que le monde entier lui envie... du moins d'après ce qu'il raconte !
Brest est préfecture maritime. Son château, résidence de l'amiral, dominant la rade, le lui rappelle. Brest est université, centre de recherche, école des mousses. Brest est *Océanopolis* avec ses dix mille animaux marins et ses quatre millions de litres d'eau de mer. Brest est aussi une des capitales de la voile. Elle adore les grands voiliers.

Brest still has a navy blue centre, even though its sailors have swapped their red pompoms and sailor trousers for a cap and a pair of jeans. In the bars and cafés you can still hear people singing the songs of Ansquer or Mac Orlan. The "P'tit Zef" (Brest local) loves to talk away about football, about the naval dockyard where he was born, about the rain which is a divine blessing, about the girls who, under the sunset, walk back up the rue de Siam and the whole world envies him... at least that's what he says !
Brest is a port authority. Its castle, the admiral's residence, dominates the harbour and is a reminder of this. Brest is also a university, a centre of research, a naval school. Brest is Oceanopolis with ten thousand marine-life species and four million litres of sea water.
Brest is also a sailing capital. Brest loves large sailing ships.

Brest

Voici la porte pour quitter Brest par le sud : le pont de l'Iroise (mais tout le monde continue à l'appeler "le pont de Plougastel").

The Pont de l'Iroise, which people still call "Le pont de Plougastel" (or *Plougastel Bridge*) is the southern gateway out of Brest.

Pointe de Talagrip

Cette modeste pointe de la baie de Douarnenez borde au sud "la lieue de grève", à proximité de la chapelle Saint-Sébastien.

This small headland of Douarnenez bay forms the southern limit of the Lieue de Grève, close to Saint-Sébastien Chapel.

Douarnenez

Grand port sardinier jusqu'aux années 1980, cette cité a, au fil des ans, quasiment perdu son activité de pêche. Bien que de nombreuses conserveries aient cessé toute activité, il n'en reste pas moins que la ville possède encore sur son territoire, avec Chancerelle créée en 1853, la plus vieille usine du monde approvisionnée, toutefois, par les pêcheurs bigoudens. Nichée dans cette immense baie qui porte son nom, Douarnenez s'est donc tournée vers la plaisance avec Tréboul et Port Rhu où elle a aussi aménagé un musée à flot.

This city was a major sardine-fishing port until the 1980s, but over the years its fishing activity has gradually died out. Although many canning factories have ceased their operations, the fact remains that the town still has Chancerelle, the world's oldest factory, established in 1853 and supplied by fishermen from the Bigouden region. Nestled in this huge bay which shares its name, Douarnenez has therefore turned to yachting with Tréboul and Port Rhu where it has also set up a floating museum.

Douarnenez

Douarnenez n'est pas une ville comme les autres. En 1921, sa municipalité devient la première municipalité communiste de France. Trois ans plus tard, ses sardinières font grève. Du jamais vu ! Elle peut se flatter de compter parmi ses enfants Jean-Marie Le Bris, un des premiers aviateurs au monde, John-Antoine Nau, lauréat du premier prix Goncourt en 1903, Georges Perros, poète et écrivain et même un DJ, Bob Sinclar, né Le Friant, aussi connu à Paris, qu'à Londres, Tokyo ou New York.
L'île Tristan fut le repaire de La Fontenelle, bandit de grand chemin roué en place de Grèves à Paris en 1602 ; elle appartint aussi au poète Jean Richepin avant de devenir propriété du Conservatoire du littoral.

Douarnenez is a town unlike any other. In 1921, it became the first communist town in France. Three years later, its sardine fishermen went on strike – this had never been seen before ! It also prides itself on the local talent it has produced, for example, Jean-Marie Le Bris, one of the world's first aviators, John-Antoine Nau, the first Goncourt prize winner in 1903, Georges Perros, poet and writer and even DJ Bob Sinclar, born in Le Friant and yet as famous in Paris as in London, Tokyo and New York.
The Île Tristan (or *Tristan Island*) was used as a hideout by La Fontenelle, a highwayman put on the wheel on the Place de Grèves in Paris in 1602. It also belonged to the poet Jean Richepin before becoming the property of the *Conservatoire du littoral* (Coastal Protection Agency).

La pointe du Van

À quelques centaines de mètres de la pointe du Raz, elle n'a pas la réputation de sa voisine. Sa roche friable résiste moins aux assauts de l'océan qui en profite pour lui tailler des échancrures grand format. Les touristes la boudent sous prétexte qu'elle n'a pas dans sa ligne de mire l'île de Sein, ses phares et l'enfer de Plogoff. Plus "civilisée", la pointe du Van porte sur ses flancs la remarquable chapelle Saint-They.

A few hundred metres from the Pointe du Raz (or *Raz Headland*), yet it does not have the same reputation as its neighbour. Its crumbly rocks are not as resistant to stormy seas which make huge indentations in the coastline. Tourists shy away from it because it does not encompass the Île de Sein (or *Sein Island*), its lighthouses and the Enfer de Plogoff. The Pointe du Van is more "civilised" and features the outstanding Saint-They chapel which sits on its slopes.

Vers la pointe du Raz

Le Cap-Sizun regroupe douze communes, île de Sein comprise. Il est bordé au nord par la baie de Douarnenez et au sud par celle d'Audierne, la côte rocheuse et les falaises de la première contrastant avec le relief plus doux et les plages sableuses de la seconde.

The Cap-Sizun groups together twelve towns and villages, including the Île de Sein (or *Sein Island*). It is bordered by the Douarnenez bay to the north and by the Audierne bay to the south, the rocky coastline and cliffs of the former contrasting with the smoother landscape and sandy beaches of the latter.

La pointe du Raz

Labellisé Grand Site de France, confrérie de huit membres où il côtoie l'Aven d'Orgnac et la montagne Sainte-Victoire, le Raz a failli perdre son âme lorsque Électricité de France envisagea d'y implanter une centrale nucléaire en 1980. Après six semaines de violences, Plogoff obtint la clôture de ce dossier et devint le symbole de la résistance d'une modeste commune face à une grande compagnie nationale et à l'État.
Cette célébrité amena pendant des dizaines d'années un nombre considérable de touristes qui mirent en péril l'équilibre écologique du site. Il fallut alors déplacer la cité marchande et restaurer le couvert végétal composé en grande partie de bruyère rase que l'on fit venir de la presqu'Île de Crozon. Le calme est désormais revenu sur ses falaises de soixante-douze mètres de haut où nichent des milliers d'oiseaux marins.

Labelled a *Grand Site de France,* brotherhood with eight members alongside the likes of Aven d'Orgnac and Sainte-Victoire mountain, the Raz almost sold its soul to Électricité de France (French electricity company) who wanted to use the site to set up a nuclear power station in 1980. After six weeks of violence, Plogoff managed to put an end to this project and as a result became the symbol of a small town's fight against a major French company and the State.
For several decades, this fame attracted a significant number of tourists who endangered the ecological balance of the site. The main shopping area therefore had to be moved and its plant covering restored, mostly made up of short heather that was brought from the Crozon peninsula. Calm has once again descended on the 72-metre high cliffs where thousands of seabirds nest.

Raz de Sein

C'est un couloir délimité côté terre par le phare de la Vieille et côté mer par les hauts fonds de l'île de Sein. Il n'est pas rare que les fortes marées génèrent des courants de six à sept nœuds. Les grands navires doivent maintenant passer à deux cent milles des côtes et n'empruntent plus par temps calme la passe la plus courte, celle de Trouz Yar.

It is a stretch of water reaching from the Vieille lighthouse on land to the shallows of the Île de Sein (or *Sein Island*) at sea. Strong tides can frequently generate currents up to six or seven knots. Large ships must now keep two hundred miles from the coast and even in good weather they can no longer take the shorter route via Trouz Yar.

Tévennec

Onze mètres de haut, des feux alimentés en propane qui portent jusqu'à neuf milles et enfin une maison de gardien. Fixé sur une roche granitique de quatorze mètres de haut, Tévennec est pourtant un phare maudit. Dès que la mer se fâche, il souffre. L'eau, en effet, en pénétrant dans une grotte marine, gémit et hurle sa peine... Les gardiens, persuadés d'entendre les âmes des trépassés, ne voulaient pas rester sur cet îlot. Seule la famille Quéméré tint cinq années au début du dernier siècle.

It is eleven metres high, the lights are fuelled with propane and can be seen nine miles away. The lighthouse keeper's house measures 64 m. Perched atop a fourteen-metre high granite rock, Tévennec is however a cursed lighthouse. As soon as the sea gets angry, it suffers. In fact, when water penetrates a sea cave, it groans and howls in pain. The keepers, convinced they were hearing the spirits of the dead, did not want to stay on this small island. Only the Quéméré family managed to stay five years at the beginning of last century.

Île de Sein

Elle veille sur sa chaussée de géants, ses centaines de cailloux redoutables planqués entre deux eaux tourbillonnantes. Depuis les premiers âges, les marins ont appris à s'en méfier. Deux petits kilomètres de long, une largeur qui passe de cinquante à cinq cents mètres et une hauteur moyenne qui n'excède pas deux mètres. Un navire de pierre encaissé entre le quai des Paimpolais et celui des Français Libres.
Personne n'a oublié que tous les hommes valides rejoignirent à Londres le général de Gaulle, en 1940, ce qui valut à l'île d'être une des cinq communes nommées Compagnon de la Libération.

It watches over her giants' causeway, hundreds of formidable stones hidden away under the surface of these swirling waters. Sailors have long since learnt to be wary of it. It is about two kilometres long, its width varies from fifty to five hundred metres and its average height is never more than two metres. A stone vessel hemmed in between the Quai des Paimpolais and the Quai des Français Libres.
Nobody has forgotten that all able-bodied men joined General de Gaulle in London in 1940, which earned the island the honour of being among five towns nominated *Compagnon de la Libération.*

Audierne

C'est un joli port au cœur de la ville, à l'embouchure d'une modeste rivière, le Goyen, qui lui donna son nom breton. Embarcadère pour l'île de Sein, Audierne pratique toujours la pêche côtière et accueille une forte colonie de plaisanciers. Au XVe siècle, la ville commerçait avec l'Espagne, l'Angleterre, les Pays-Bas et la Belgique. De cette splendeur passée, restent de belles maisons d'armateurs et des ruelles serpentines qui grimpent le long du coteau.

This is a pretty harbour in the town centre, at the mouth of a small river, the Goyen river, which gives it its Breton name. A landing stage for the Île de Sein (or *Sein Island*), inshore fishing is still popular in Audierne and it hosts a large community of yachtsmen. In the 15th century, the town traded with Spain, England, the Netherlands and Belgium. The remains of this glorious past can still be seen in the beautiful shipowners' houses and the winding lanes which climb up along the hillside.

Baie d'Audierne

Cette baie en arc de cercle, gueule béante sur l'Atlantique, n'est guère hospitalière et rares sont les grands navires à la fréquenter. Protégés par un étonnant cordon de galets de plusieurs mètres de haut qui prend racine à La Torche et court jusqu'à Plovan, les mille hectares de marais et de lagunes accueillent une multitude d'oiseaux migrateurs ou sédentaires de 300 espèces différentes et de nombreuses anguilles.

The arc-shaped bay which opens wide into the Atlantic is far from hospitable and very few large ships go near it. Protected by an amazing string of pebbles several metres high which starts at La Torche and runs to Plovan, these one thousand hectares of marshland and lagoons are home to a vast number of migratory or sedentary birds, of three hundred different species, in addition to many eels.

Pointe de la Torche

Ne cherchez pas un rocher mordant le ciel, vous perdrez votre temps. Ce nom est dû à la paresse des géographes qui traduisirent du breton en français le mot *dorchenn* ("coussin") par "torche" ! Paradis des surfeurs, cette pointe, qui abrite la plage de Pors Carn, était fréquentée dès le Néolithique, comme en témoignent des dolmens enterrés.

Do not waste your time looking for a rock reaching up to heaven. This name is due to the laziness of the geographers who translated the word *dorchenn* (coussin" or cushion) from Breton to French as "torche" (torch) ! This headland is a surfer's paradise and features Pors Carn Beach which has been inhabited since Neolithic times, as proven by its buried dolmens.

Saint-Guénolé

Bien que protégés par deux pointes granitiques, Conq au nord-ouest reliée à la côte par une digue et Krugen au sud par un isthme sableux, les abords du port restent dangereux par gros temps, ce qui n'empêche pas les marins bigoudens d'embouquer la passe en slalomant entre les roches. Spectacle prisé par les touristes.

Even though it is protected by two granite points, Conq to the north-west which is connected to the coast by a sea wall and Krugen to the south by a sandy isthmus, the area around the port is extremely dangerous in rough weather. Nevertheless, this does not stop sailors from the Bigouden region entering the channel by weaving in and out of the rocks – a sight tourists love to watch.

Pointe de Penmarc'h

Descendante du maréchal Davout, prince d'Eckmühl, madame de Bloqueville légua 300 000 francs-or par testament pour le faire construire. Commencé en 1893 et inauguré quatre ans plus tard, le phare coûta presque le double. 272 marches conduisent au sommet, à 65 mètres au-dessus du sol. Son feu porte à 24 milles.

A descendant of Marshall Davout, Prince of Eckmühl, Madam de Blocqueville bequeathed three hundred thousand gold francs in her will to build the lighthouse. Building work began in 1893 and it was opened four years later, at twice the anticipated cost ! 272 steps lead to the top, 65 metres above ground. Its light can be seen 24 miles away.

AGRION

Le Guilvinec

Impossible de dissocier ce port de son frère jumeau Tréffiagat-Léchiagat, qui occupe sa rive opposée. À eux deux, ils prennent la troisième place des ports français pour une débarque de plus de 18 000 tonnes et une première place en ce qui concerne la flottille artisanale forte de 130 navires.

This port cannot be dissociated from its twin brother Tréffiagat-Léchiagat, which sits on the opposite shore. Both of them rank third French port for landing a load of over 18,000 tonnes and first in terms of local privately-owned-flotilla of 130 ships. Langoustines have been totally overtaken in supplies. Fish such as hake, skate and monkfish attract customers to the fish auction.

Lesconil

En réalité, la commune se nomme Plobannalec-Lesconil, la première citée étant terrienne et la seconde maritime. Ce port de Lesconil n'a été aménagé que de 1948 à 1980. Il est vrai que les bateaux de pêche ne sont plus très nombreux, moins d'une dizaine, et que les apports s'en ressentent. On est loin des performances des autres ports bigoudens.

The town's real name is Plobannalec-Lesconil, the former being inland and the other coastal. Lesconil harbour was only built between 1948 and 1980. There are less than a dozen fishing boats left and fish supplies show the effects of this. It is far out-performed by the other ports in the Bigouden region.

Loctudy

Très jolie station du Pays bigouden à l'embouchure de la rivière de Pont-l'Abbé. Si la plaisance marche bien, la pêche traditionnelle cherche un second souffle.

A beautiful Bigouden region resort at the mouth of the Pont-l'Abbé river. While yachting may be proving successful, traditional fishing is searching for a new lease of life.

L'Île-Tudy

C'est une longue presqu'île qui se baigne, elle aussi, dans la rivière de Pont-l'Abbé. Mais à la différence de sa jumelle, elle se consacre surtout à la plaisance. Pourtant, du XIe siècle jusqu'à la première moitié du XXe, ce port fut l'un des plus importants du Finistère, à égalité avec Le Guilvinec. Il possède un important marais et deux plages aux noms exotiques : le Teven ("la dune") et le Maracana.

It is a long peninsula which also bathes in the Pont-l'Abbé river. Unlike its twin, however, its main activity is yachting. That said, from the 11th century until the first half of the 20th century, this port was one of the major ports in the Finistère *département*, on a par with Le Guilvinec. It has expansive marshland and two beaches with exotic names : le Teven ("the dune") and le Maracana.

Île aux Moutons

Face à Bénodet, cet îlot fait partie de l'archipel des Glénan. C'est le royaume d'une forte colonie de sternes de Dougall qui bénéficient de cinq hectares pour s'ébattre et nicher. Il a fallu des dizaines de naufrages avant qu'on se décide à bâtir un phare sur ce plateau de Trévarez surnommé le cimetière des thoniers. Ce sera fait en 1879 : une tour carrée de 18 mètres équipée d'une lanterne qui porte à une dizaine de milles. En 1905, on ajoute un logement pour le gardien et sa famille, lesquels élèveront des vaches, des oies, des canards, des poules et jardineront… Des générations de gardiens se relayeront jusqu'en 1983, année de l'automatisation du phare.

Facing Bénodet, this little island is part of the Glénan archipelago. It is the kingdom of a large colony of Roseate Terns who take advantage of five hectares to frisk, frolick and nest. It took several dozen shipwrecks before it was decided that a lighthouse should be built on this Trévarez plateau, nicknamed the tuna boat cemetery. It was completed in 1879 : a square, 18-metre high tower equipped with a antern whose light can be seen a dozen miles away. In 1905, a house was added for the lighthouse keeper and his family who reared cattle, geese, ducks, chickens and kept a garden. Generations of keepers took over from one another until 1983, when the lighthouse became automatic.

Les Glénan

Et quelques milles plus au large, voici l'archipel aux eaux turquoise : les Glénan.

A few more miles out to sea lies the Glénan archipelago, surrounded by turquoise waters.

Bénodet

Bénodet signifie "l'embouchure de l'Odet" en breton. Sacrée par les poètes "plus belle rivière de France", l'Odet marque la frontière entre le Pays bigouden (rive droite) et le Pays fouesnantais (rive gauche). Mais Bénodet, c'est surtout la station touristique par excellence, qui a su malgré tout conserver le charme de ses chemins creux et un petit port crevettier que Guillaume Appolinaire chantait en 1917 : "Je vous aime ce soir où monte la marée/Bateaux de Bénodet à la voile azurée"..

Bénodet means "the mouth of the Odet river" in Breton. Crowned by poets "the most beautiful river in France", the Odet marks the border between the Bigouden region (right bank) and the Fouesnant region (left bank). Bénodet, however, is in particular a prime tourist resort, which has managed to hold onto the charm of its sunken lanes and a little shrimp fishing harbour. In 1917, Guillaume Apollinaire wrote a song about it : *"Je vous aime ce soir où monte la marée/ Bateaux de Bénodet à la voile azurée"* (I love you tonight when the tide is rising/ Boats of Bénodet with sky blue sails).

Beg-Meil

Cette belle endormie, qui connut son heure de gloire à la fin du XIXe siècle, se réveilla dans les années 1980 pour devenir la rivale de sa sœur fouesnantaise, Bénodet. Station touristique de la commune de Fouesnant, Beg-Meil ("pointe du moulin" en breton) cultive la discrétion comme une vertu cardinale. Les Michelin, les Puget, les Bolloré y possèdent de belles demeures et des yachts splendides mais les vedettes, ici, sont les sept kilomètres de plages.

This sleeping beauty, which had its hour of glory in the late 19th century, awoke in the 1980s to become the rival of its *Fouesnant* sister, Bénodet. As Fouesnant's tourist resort, Beg-Meil nurtures discretion as a cardinal virtue. The Michelin, Puget and Bolloré families all own beautiful houses and magnificent yachts here but, in truth, here the real stars are the beaches that stretch for seven kilometres.

Cap Coz

C'est un étroit appendice de sable fin dépassant à peine le niveau de la mer. Pour se développer, il a donc dû se tourner vers la terre. Un sentier côtier long de quatre kilomètres, partant de Beg Meil et conduisant à Cap Coz, a été aménagé.

It is a narrow appendix of fine sand, not much above sea level. In order to develop, it therefore had to turn to the land. A four kilometre-long coastal path starting from Beg Me l and leading to Cap Coz has been built.

Port-la-Forêt

Port-La-Forêt est le *must* de la course au large. Ici, on forme les meilleurs coureurs de toutes les mers du monde. Port-La-Forêt, c'est leur Mecque.

Port-La-Forêt is a must for ocean racing. Here, the best competitors from all the seas in the world are trained. Port-La-Forêt, is their Mecca.

Concarneau

Konk Kerne (“perle de Cornouaille”), tel est son nom breton. La Ville-Close est le cœur historique de cette cité maritime qui naquit au XIe siècle sur une roche longue de 390 mètres et faillit disparaître neuf siècles plus tard. En effet, une municipalité peu sensible à la beauté de ses remparts vota sa démolition et voulut les vendre à un... carrier !

Konk Kerne (“gem of Cornouaille”) as it is called in Breton. The *Ville Close*, or walled town is the historic centre of this coastal town which was born in the 11th century on a 390-metre long rock and which almost disappeared nine centuries later. Indeed, a town oblivious to its beautiful ramparts voted to destroy it and wanted to sell them to a quarry owner !

Pointe de Trévignon

Sur cette presqu'île rocheuse, Vauban construisit un fort pour défendre la ville de Concarneau. À la fin du XIXe siècle, un médecin, séduit par la beauté du site, acheta cette fortification aux Domaines nationaux. Puis il ajouta un château de style "écossais". L'histoire ne dit pas si un fantôme vint occuper les lieux.

Vauban built a fortress on this rocky peninsula to defend the town of Concarneau. In the late 19th century, a doctor was taken by the beauty of the site and bought this fortification from the *Domaines nationaux* (National monuments). He then added a "Scottish"-style castle. The story never told us whether or not the castle was haunted.

Pont-Aven

Lorsque Gauguin débarque à Pont-Aven, il existe alors plusieurs marchands de peintures. Ce que l'on sait moins, c'est qu'il n'y a jamais eu d'école de peinture. C'est madame Sérusier qui, après le décès de son mari, proposa une toile de celui-ci à la municipalité bretonne en lui faisant remarquer que la cité des peintres ne possédait aucune œuvre de "l'école de Pont-Aven".

When Gauguin came to Pont-Aven, there were several painting sellers. The fact that there has never been a painting school is less known. It is Madam Sérusier who, after the death of her husband, offered one of his paintings to the Breton town council, pointing out that the town of painters did not have a single artwork from the "*Ecole de Pont-Aven*" (Pont-Aven School).

Brigneau

Ce petit port ne tient plus dans son costume "classe tourisme". Les 179 mouillages à gérer sèment parfois l'anarchie sur le quai, lequel aurait besoin d'un bon ravalement. Brigneau paie le prix de la beauté de sa ria.

This little port no longer finds its "tourist class" outfit terribly comfortable. The 179 moorings it has to manage sometimes cause chaos on the quay, which needs renovating. Brigneau is paying the price for the beauty of its ria.

Larmor-Plage

Les Lorientais considèrent Larmor comme leur station balnéaire privée, leur lieu de promenade favori avec son front de mer où restaurants et bars se pressent les uns contre les autres. De là, on peut admirer la presqu'île de Gavres, la citadelle de Port-Louis, les ports de pêche et de commerce, l'ancienne base de sous-marins, la Cité de la voile Tabarly, sans oublier l'île de Groix.

The inhabitants of Lorient consider Larmor as their own private seaside resort, their favourite place for a stroll with its seafront where numerous restaurants and bars sit cheek by jowl. From there, you can admire the Gavres peninsula, Port-Louis Citadel, the fishing and commercial ports, the old submarine base, the *Cité de la Voile Tabarly* (Eric Tabarly Sailing Centre), not to mention the Île de Groix (or *Groix Island*).

Port-Louis

Cette commune, appelée à l'origine Blavet, doit beaucoup aux troupes espagnoles appelées par le duc de Bretagne pour protéger ses terres des ambitions royales françaises. Pendant huit années, de 1590 à 1598, les Espagnols fortifieront la ville mais après sa victoire, Henri IV mettra à bas les hauts murs de la citadelle. C'est son successeur, Louis XIII, qui reconstruira la citadelle en 1618, lui donnant le nom de Port-Louis. En 1664, la ville devient le siège de la Compagnie des Indes dont les chantiers navals s'installent de l'autre côté de la rade et donnent naissance à Lorient.

This town, initially called Blavet, owes a lot to the Spanish troops summoned by the Duke of Brittany to protect his land from the hands of French royalty. For eight years, from 1590 to 1598, the Spanish fortified the town but after his victory, Henry IV brought down the citadel's high walls. It was his successor, Louis XIII who rebuilt the citadel in 1618, giving it the name Port-Louis. In 1664, the town became the headquarters of the East India Company, whose shipyards were set up on the other side of the harbour and gave birth to Lorient.

Lorient

Lorsque Lorient n'était qu'une lande inculte appartenant aux sires de Rohan-Guémené, celle-ci se nommait *Loch Roc'h Yann*. La Compagnie des Indes aurait donc trouvé, dans un manuscrit de 1721, déposé aux Capucins de Morlaix, cette dénomination de *Loch Roc'h Yann* dont on comprend tout de suite que sa phonétique la rapproche de celle de Lorient. La Compagnie, outre le fait qu'elle justifiait sa raison sociale (l'Orient), lui donnait une naissance 100 % bretonne !

When Lorient was nothing more than uncultivated moorland belonging to the lords of Rohan-Guémené, it was called Loch Roc'h Yann. In a 1721 manuscript, lodged with the Capucins of Morlaix, the East India Company would therefore have found this name Loch Roc'h Yann and we can immediately deduce that phonetically this sounds like Lorient. The Company, besides the fact that it reasserted its corporate name (*l'Orient*, the East), nevertheless ensured that it emerged 100% Breton !

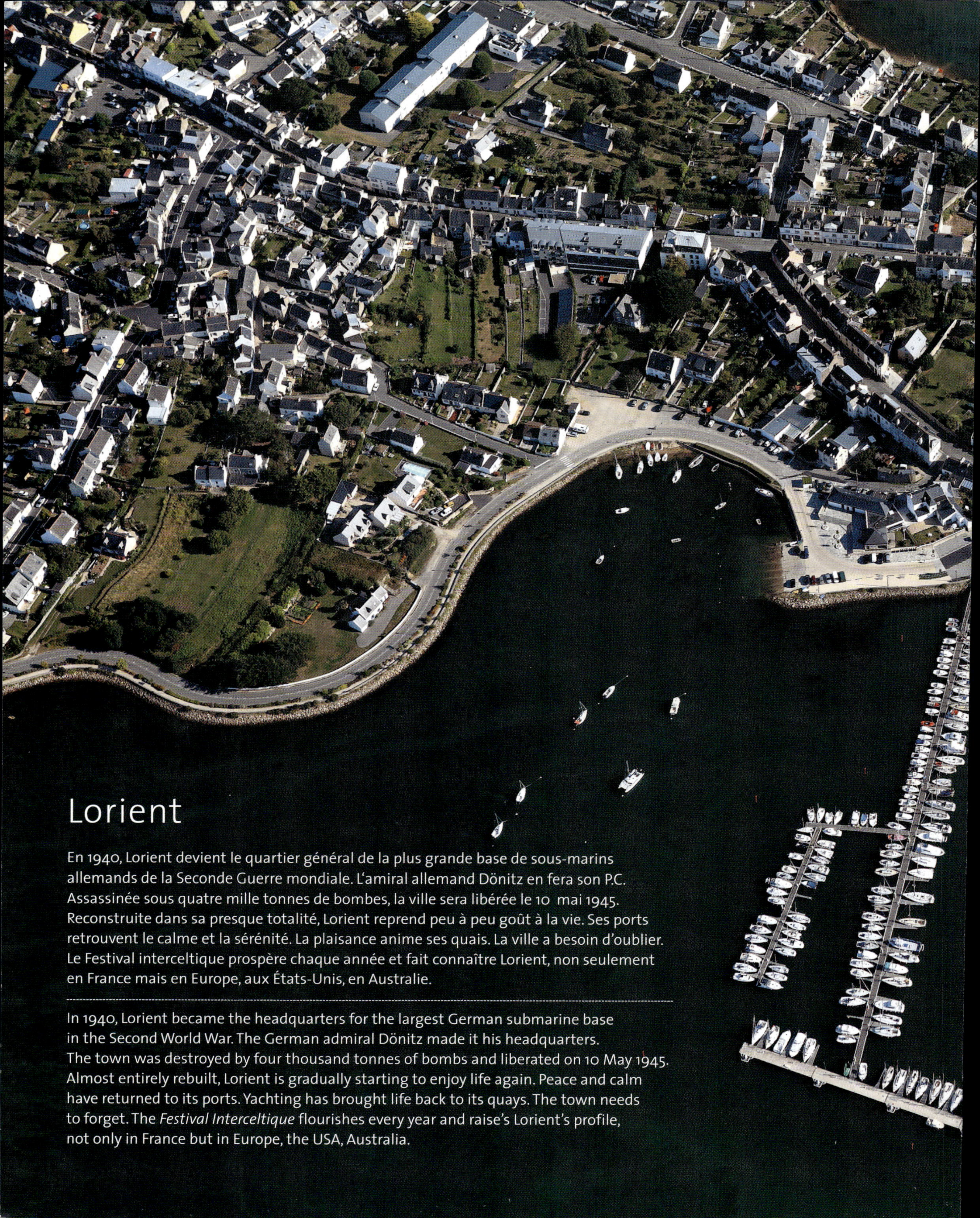

Lorient

En 1940, Lorient devient le quartier général de la plus grande base de sous-marins allemands de la Seconde Guerre mondiale. L'amiral allemand Dönitz en fera son P.C. Assassinée sous quatre mille tonnes de bombes, la ville sera libérée le 10 mai 1945. Reconstruite dans sa presque totalité, Lorient reprend peu à peu goût à la vie. Ses ports retrouvent le calme et la sérénité. La plaisance anime ses quais. La ville a besoin d'oublier. Le Festival interceltique prospère chaque année et fait connaître Lorient, non seulement en France mais en Europe, aux États-Unis, en Australie.

In 1940, Lorient became the headquarters for the largest German submarine base in the Second World War. The German admiral Dönitz made it his headquarters. The town was destroyed by four thousand tonnes of bombs and liberated on 10 May 1945. Almost entirely rebuilt, Lorient is gradually starting to enjoy life again. Peace and calm have returned to its ports. Yachting has brought life back to its quays. The town needs to forget. The *Festival Interceltique* flourishes every year and raise's Lorient's profile, not only in France but in Europe, the USA, Australia.

Île de Groix

Distante de trois milles du continent, l'île s'étire paresseusement d'ouest en est sur huit kilomètres et du nord au sud sur deux kilomètres, de la pointe de l'Enfer à Port-Tudy, véritable porte d'entrée de l'île. C'est là, en effet, que se glisse, entre les bateaux de plaisance et quelques chalutiers, le ferry qui fait la navette entre Lorient et l'île.
Un thon remplace au sommet de l'église le traditionnel coq et rappelle que ce poisson fut un temps la richesse de l'île.

Located three miles from the mainland, the island slowly stretches out eight kilometres from west to east and two kilometres from north to south, from the Pointe de l'Enfer to Port-Tudy, the main entrance point to the island. It is here that the ferry, acting as a shuttle between Lorient and the island, slips in between the yachts and the odd trawler.
At the top of the church, a tuna replaces the traditional cockerel and is a reminder that fishing used to bring wealth to the island.

Gâvres

Cette étonnante petite mer intérieure de 350 hectares est un paradis pour les pêcheurs à pied. C'est aussi parfois une source de conflits entre pêcheurs professionnels et amateurs dont les intérêts sont naturellement opposés. Le travail contre le plaisir. Cette exceptionnelle lagune où prolifèrent palourdes et coques fait partie d'une association de défense du littoral, "les peuples des dunes".

This incredible little (350 hectares) inland sea, is a shellfish gatherer's paradise. It is also sometimes the source of conflict between professional and amateur fishermen who naturally have a conflict of interests. Work *versus* pleasure. This outstanding lagoon where clams and cockles breed is part of a coastal protection association called "*les peuples des dunes*" (the people of the dunes).

Étel

Étel devint célèbre à la suite de deux événements majeurs. Le premier fut heureux. C'est en effet ici, sur une table de bistrot, que le 8 mai 1945 fut signée la reddition de l'armée allemande qui tenait la poche de Lorient. Le second événement fut dramatique : le 16 août 1958, le docteur Bombard voulut démontrer les qualités de son canot de survie en franchissant la barre d'Étel, surnommée "la mangeuse d'hommes". Hélas, le bateau se retourna et sept marins étellois périrent.

Étel became famous as a consequence of two major events. The first one was a happy occasion. It was, in fact, here, on a café table on 8 May 1945 that the German army, who held the Lorient stronghold, signed their surrender. The second event was dramatic. It was on 16 August 1958 that Doctor Bombard wanted to demonstrate the qualities of his lifeboat by crossing the *Barre d'Étel* (Étel sandbar), nicknamed "the maneater". Alas, the boat capsized and seven sailors from Étel lost their lives

Île Saint-Cado

La ria d'Étel respire la douceur de vivre avec ses communes de Belz et de Locoal-Mendon, Saint-Cado est reliée au continent par un pont dont on dit qu'il fut construit par Satan en une nuit. Désormais à l'ombre protectrice du grand calvaire et d'une chapelle du XIe siècle, on vit paisiblement. Les pèlerins atteints de surdité sont toutefois invités à passer la tête dans la cavité donnant à l'intérieur du tombeau du saint. Celui-ci, dans un bon jour, peut leur redonner le plaisir d'entendre !

The Étel ria exudes a relaxed rhythm of life with its towns of Belz and Locoal-Mandon which has the largest stele dating from the Bronze Age. Saint-Cado is connected to the mainland by a bridge which is said to have been built by Satan in one night. Underneath the protective shadow of the cross and a 11th century chapel, people now live rather peacefully. Deaf pilgrims are however invited to place their heads in the cavity which is at the entrance to the saint's tomb. On a good day, he can give them their hearing back !

Quiberon

Quiberon

Située au sud de la presqu'île qui porte son nom et qui fut jusqu'au XIe siècle une île, la ville de Quiberon présente une façade ouest battue par les vents, façade qu'elle nomme d'ailleurs la "côte sauvage". Est-ce cette situation particulière qui l'a convaincue de prendre pour devise *E kreiz en avel atao* ("Au milieu du vent toujours") ?

Located to the south of the peninsula which bears its name and which was an island until the 11th century, the western side of Quiberon is battered by the winds, a side which, after all, is called the "wild side". Is it this very location that inspired it to adopt the motto *E kreiz en avel atao* ("Always in the midst of wind") ?

Quiberon

L'est présente un visage plus souriant, à l'abri dans sa vaste baie. Quiberon a la chance de posséder deux ports. Le premier, Port Maria, peut se targuer d'avoir à la débarque de sa criée près de cent cinquante chalutiers en provenance de Houat, Hoëdic, Belle-Île-en-Mer et du golfe du Morbihan qui alimentent non seulement les poissonniers mais aussi des conserveries comme La Belle îloise ou La Quiberonnaise. Le second port, Port Haliguen, célèbre pour avoir vu débarquer en juillet 1899 Alfred Dreyfus de retour du bagne, se consacre à la voile.

Quiberon is fortunate enough to have two ports. The first, Port Maria, can pride itself in having almost one hundred and fifty trawlers supplying its fish auction, hailing from Houat, Hoëdic, Belle-Île-en-Mer and the Gulf of Morbihan. Not only do they supply the fishmongers but also canning factories such as La Belle-Îloise and La Quiberonnaise. The second port, Port Haliguen, famous for having witnessed Alfred Dreyfus disembark in July 1899 on his return from prison, is dedicated to sailing.

Belle-Île

Belle-Île se dit *Ar Gerveur* en breton. C'est la plus grande des îles bretonnes. Anglais, Hollandais, Français la prirent d'assaut, la violentèrent et parfois l'échangèrent. Aujourd'hui, Belle-Île préfère se souvenir des artistes qui ont fait sa célébrité : Sarah Bernhardt, qui possédait une propriété à la pointe des Poulains ; Claude Monet qui, a peint les aiguilles de Port-Coton, Port Goulphar, Port Domois ; Matisse, Cottet, Vasarely et des écrivains tels Flaubert, Colette, Desnos, Prévert, Quéffelec et Dumas qui fit mourir dans la grotte de l'Apothicaire le géant Portos, héros des *Trois Mousquetaires*.

Ar Gerveur is the Breton for Belle-Île. It is the largest Breton island. The English, Dutch, French invaded it, attacked it and even traded it. Now, Belle-Île prefers to remember artists who have made it famous. Sarah Bernhardt who had a house at the Pointe des Poulains (or *Foal Headland*) ; Claude Monet who, painted the Aiguilles de Port-Coton (or *needles of Port Coton*), Port Goulphar, Port Domois ; Matisse, Cottet, Vasarely and writers such as Flaubert, Colette, Desnos, Prévert, Quéffelec and Dumas who had the hero of the *Three Muskateers,* the giant Porthos, die in the Apothecary's cave.

Le Palais

C'est la capitale de l'île. Par son port transite l'essentiel des marchandises nécessaires à la vie quotidienne des 5000 îliens et les flots de touristes en été. Dominatrice, l'emblématique citadelle les accueille. Forteresse bâtie par Henri II, renforcée par Vauban, elle témoigne du passé de l'île. En ruines en 1960, elle doit son "sauvetage" à des particuliers qui mirent toute leur fortune à lui redonner son lustre d'antan. Siège des associations, elle abrite aussi le musée historique de l'île.

This is the island's capital. Most goods required for the day-to-day living of its five thousand islanders and for the hoards of summer tourists pass through this port. They are welcomed by the emblematic citadel which dominates the entrance to the port. This fortress, built by Henry II, reinforced by Vauban, testifies to the island's past. In 1960 it lay in ruins but it was salvaged by private individuals who invested all their money in restoring it to its former glory. It also houses the island's *Musée historique* (History Museum).

Sauzon

C'est un joli port miniature à l'embouchure d'une ria longue de 1200 mètres à la pointe nord de l'île. Séductrice, cette commune est devenue le paradis des amoureux qui fréquentent ses hôtels discrets. Repaire de pirates saxons qui furent chassés par les Celtes au VIIe siècle, elle en conserva l'empreinte en gardant son nom.

This is a pretty little port at the mouth of a long ria measuring one thousand two hundred metres at the northern point of the island. Its charm has made it a paradise for lovers who stay in its quiet hotels. Saxon pirates used it as a hideout when being chased by the Celts in the 7th century. Its name was inspired by the mark they left.

Houat

Tout comme Molène, la finistérienne, Houat ("canard" en breton) est à la tête d'un archipel où l'on ne compte plus les îlots : Glazig, Var Plat, Grands et Petits Cardinaux, Valuet, Île aux Chevaux, Koh Karreg, Er Hoélanneg. Un joli chapelet que les pêcheurs de Houat récitent par cœur. Car ici, l'activité économique principale reste pour la vingtaine de fileyeurs ou de caseyeurs les crustacés et le poisson. 1500 tonnes sont débarquées, bon an mal an, sur l'île ou à Quiberon et font vivre 400 habitants.

Like the Molène island in the Finistère *département*, Houat (the "duck" in Breton) is at the top of an archipelago of countless islets : Glazig, Var Plat, Grands and Petits Cardinaux, Valuet, Île aux Chevaux (or *Horse Island*), Koh Karreg, Er Hoélanneg. A lovely rosary that the fishermen of Houat recite off by heart. For here, the main economic activity for the twenty or so gillnetters or *caseyeurs* pot-fishing vessels is still fish and shellfish. On average, 1,500 tonnes are landed on the island or in Quiberon and are the lifeblood for the four hundred inhabitants.

Hoëdic

Hoëdic signifie "caneton" en breton. Célèbre pour sa charte des îles, mise au point par les recteurs de Houat et de Hoëdic, validée par le conseil des anciens, ce n'était rien d'autre qu'un code de bonne conduite. Droits et devoirs du citoyen en quelque sorte mais avec quelques restrictions, dont les premières victimes étaient les femmes de moins de trente ans. Si elles désiraient sortir de l'île, il leur fallait le consentement du recteur. Celui-ci gérait l'épicerie coopérative et prélevait un pourcentage sur le vin pour venir en aide aux plus démunis. Cette charte eut le grand mérite de souder les îliens et fonctionna jusqu'en 1880.

Hoëdic means "duckling" in Breton. Famous for its island charter, drawn up by the rectors of Houat and Hoëdic, approved by the Council of Elders, it was no more than a code of good conduct. It somewhat set out the rights and duties of citizens but included certain limitations and women under thirty were the first victims of these. If they wanted to leave the island, they had to get permission from the rector. He ran the cooperative grocery store and took a percentage off the wine to help the poor. This charter was successful in creating a close-knit community of islanders and this continued until 1880.

Carnac

Connue dans le monde entier pour ses 5000 mégalithes, alignés sur plusieurs rangs et sur quatre kilomètres, qui faisaient dire à Gustave Flaubert que "Carnac a fait écrire plus de bêtises qu'elle n'a de pierres", la cité morbihannaise ne veut pas mourir étouffée par ses pierres et promotionne ses cinq plages dont les plus cotées sont celles de Saint-Colomban et la Grande Plage, longue de 1 500 mètres. Les hommes ont habité ce site depuis 400 000 ans, ainsi que l'attestent des restes préhistoriques.

World famous for its 5,000 megaliths, lined up in several rows over four kilometres, which led Gustave Flaubert to say "Carnac has had more silly things written about it than it has stones". The Morbihan town does not want to be stifled by its stones and therefore promotes its five beaches, the most popular of which are Saint Colomban and the *Grande Plage*, stretching out for one thousand five hundred metres. Prehistoric remains prove that humans have lived here for four hundred thousand years.

La Trinité-sur-Mer

Ses origines remontent au XIIIe siècle où l'on trouve trace de salines, qui seront en activité pendant plusieurs siècles, et de son port... de commerce. En 1931, le Gouvernement décida de favoriser les Charbonnages de France et laissa tomber le port breton qui se tourna alors vers la pêche. Mais très vite, La Trinité va ouvrir ses eaux aux bateaux de tourisme et son port à flot accueillir un marin et son *Pen Duick*, Eric Tabarly, avant que les grands catamarans et trimarans viennent y préparer leurs courses autour du monde.

Its roots go back to the 13th century where we find traces of saltworks which would have been in operation for several centuries and, of course, its commercial port. In 1931, the government decided to give precedence to French coalmines and abandoned the Breton port which then turned to fishing. However, La Trinité rapidly opened up its waters to tourist boats and its marina to a sailor named Eric Tabarly and his *Pen Duick*, before large catamarans and trimarans arrived to path the way for their world races.

Locmariaquer

Au XIXe siècle, Locmariaquer devient le berceau de l'huître plate en obtenant des concessions dans la rivière d'Auray. L'Angleterre, les Pays-Bas et Marennes sont ses clients principaux. Son naissain a bonne réputation. 400 personnes travaillent sur les parcs.
Locmariaquer possède aussi des magnifiques mégalithes comme le grand menhir brisé *Er Grah*, plus grand menhir du monde avec ses 20 mètres, le cairn de la Table des Marchands, les Pierres plates, dolmen coudé long de 25 mètres, ou encore les dolmens de Kercadoret, de Mané Lud, de Kerveresse.

In the 19th century, Locmariaquer became the home of Belon oysters when it obtained concessions in the Auray river. England, the Netherlands and Marennes were its main clients. Its spat had a good reputation.
Locmariaquer also has impressive megaliths such as the broken menhir Er Grah, the largest known menhir in the world measuring twenty metres, the *Table des Marchands* (or Tradesmen Table) cairn, the *Pierres Plates* (or flat stones), a 25-metre long dolmen with a bend, or even the dolmens of Kercadoret, Mané Lud, Kerveresse.

Île aux Moines

C'est l'île la plus importante et la plus célèbre du golfe du Morbihan avec ses 300 hectares. Une croix sur la mer longue de sept kilomètres sur cinq de large, dont l'échine granitique culmine à trente mètres. Ici règne le vélo, très pratique pour visiter les ruelles serpentines du lieu et découvrir ses charmes. Les hommes du Néolithique l'appréciaient déjà et nous ont laissé pour preuves le cromlech de Kergonan, 70 mètres de rayon, un des géants européens, ou encore le dolmen de Penhap situé à la pointe sud de l'île, au milieu d'une végétation méditerranéenne protégée par le Conservatoire du littoral.

This is the largest (310 hectares) and most famous island in the Morbihan Gulf. It forms a cross in the sea, seven kilometres long by five wide and its granite backbone rises to thirty metres. Here, bicycles reign supreme and are very practical for visiting the island's winding alleyways and discovering what it has to offer. Neolithic man was already a fan and left us the cromlech of Kergonan, which has a radius of 70 metres, making it one of the largest in Europe, as well as the dolmen of Penhap located to the southern tip of the island, amidst Mediterranean-style vegetation which is protected by the *Conservatoire du littoral* (Coastal protection agency).

Gavrinis

En bâtissant cette nécropole pendant des générations, les hommes de notre Préhistoire ont voulu donner libre cours à leur sens du beau. On prétend qu'il est le plus beau tumulus du monde.

By building this necropolis over generations, Prehistoric men undoubtedly wanted to give free expression to their idea of beauty. It is allegedly the most beautiful burial mound in the world.

Île d’Arz

C’est une commune de 330 hectares répartis sur plusieurs îlots. Il y a d’abord Illur, sa voisine de 41 hectares puis Drenec Vraz, Drenec Vihan, Illuric, Mouchious et Spiren. Ce qui laisse à l’île d’Arz une superficie de 269 hectares. On l’appelle familièrement “l’île des capitaines”. Comme les oiseaux marins, ils reviennent toujours sur les lieux de leur naissance et construisent de lourdes demeures qu’ils cachent derrière de hauts murs, ce qui donne un charme particulier aux ruelles.

The Ile d’Arz covers 330 hectares, spread out over several islets. First there is Illur, its 41-hectare neighbour, then Drenec Vraz, Drenec Vihan, Illuric, Mouchious and Spiren. That leaves the Ile d’Arz with an area of 269 hectares. It is affectionately called the “île des capitaines” (*Captain Island*). Its sailors have chosen this specialism, seagoing tugboats. Just like seabirds, they always come back to their place of birth and build large houses hidden behind high walls, which gives the alleyways a certain charm.

Port-Navalo

Situé sur la commune d'Arzon dans la presqu'île de Rhuys, face à la pointe de Kerpennir, Port-Navalo veille sur le goulet donnant accès au golfe du Morbihan. C'est surtout un port de plaisance.

Port-Navalo, part of Arzon on the Rhuys peninsula, facing the Pointe de Kerpennir (or *Kerpennir Headland*), watches over the narrows which lead into the Morbihan gulf. It is first and foremost a sailing resort.

Port du Crouesty

D'une zone marécageuse émergeait il y a une quarantaine d'années, contre vents et marées, Le Crouesty, port à vocation touristique. Aujourd'hui, tout est oublié. L'engouement pour la Bretagne et la voile ont amené une clientèle aisée à fréquenter les pontons d'un port qui accueille désormais 1 500 bateaux, ce qui en fait le plus important de la région.

About forty years ago, against all the odds, from a marshland area the tourist port of Le Crouesty emerged. Nowadays, everything is forgotten. A passion for Brittany and for sailing have brought an affluent clientele to the pontoons of a port which now hosts 1,500 boats, making it the largest marina in the region.

Pointe de Saint-Jacques

Elle est dominée par les deux vieux villages de La Grée, Kerfontaine et Kérignard. Au XIXe siècle, la chapelle Saint-Jacques, construite sur la pointe, s'est effondrée sous l'effet des tempêtes. Elle a été reconstruite à Trévenaste, dans l'arrière-pays. Le port lui-même, dont la dernière extension date de 1988, est spécialisé dans les crustacés et accueille quelques petits côtiers qui font bon ménage avec les plaisanciers.

It is dominated by the two old villages of La Grée : Kerfontaine and Kérignard. In the 19th century, Saint-Jacques chapel, built on the headland, collapsed in a storm. It was rebuilt at Trévenaste, further inland. The port itself, which was last extended in 1988, specializes in shellfish and is home to several small coasters which coexist peacefully alongside yachtsmen.

La pointe de Penerf

Si discrète que soit cette pointe en forme de crochet à l'embouchure d'une curieuse ria qui reçoit les eaux de trois rivières, Sarzeau, l'Epinay et Penerf, elle connut son âge d'or aux XVe et XVIe siècles.
Son port spécialisé dans le cabotage devint en effet le quatrième port breton ! Aujourd'hui, c'est devenu un haut-lieu de l'ostréiculture morbihanaise avec sa "Pénerfine".

As quiet as this hook-shaped headland may seem, at the mouth of a strange ria into which flow three rivers – the Sarzeau, Epinay, and Penerf rivers, it had its heyday in the 15th and 16th centuries. Its port, specialized in coastal navigation, actually became the fourth largest Breton port ! Nowadays it has become a Mecca for oyster-farming in the Morbihan area with its "*Pénerfine*" (oyster from Penerf).

La pointe de Penvins

Faisant face à la pointe de Penerf, Penvins, attaché à la côte par une sorte d'isthme, est en Sarzeau et possède de magnifiques plages, l'une tournée vers l'anse de Suscinio et l'autre vers l'anse de Banastère.

Opposite the Pointe de Penerf (or *Penerf Headland*) lies Penvins which is connected to the coast by a type of isthmus. It is part of Sarzeau and has spectacular beaches : one facing the Anse of Suscinio (or *Suscinio Cove*) and the other the Anse de Banastère (or *Banastère cove*).

Pointe de Kervoyal

Située à quelques kilomètres de Damgan dont elle dépend, Kervoyal est une des nombreuses plages de cette commune dont les résidences sont à 80 % secondaires. C'est dire son impact sur l'économie locale.

Located a few kilometres from Damgan on which it depends, Kervoyal is one of many beaches in this town in which 80 % of houses are secondary homes. You can imagine the impact on the local economy.

La Vilaine

Si le barrage d'Arzal, douze kilomètres avant l'embouchure du fleuve, en a modifié le cycle hydrographique en bloquant la remontée des marées et en créant un envasement important, la Vilaine demeure un long fleuve tranquille de 135 kilomètres qui prend sa source en Mayenne, traverse l'Ille-et-Vilaine et se jette dans le Morbihan.

Although the Arzal dam, twelve kilometres before the river mouth, may have modified the water cycle by blocking the rising tide and by creating a significant build up of silt, la Vilaine remains a long, peaceful river, stretching for 135 kilometres with its source in the Mayenne *département*, crossing the Ille-et-Viliaine *département* and flowing into the Morbihan region.

Pointe du Bile

Ce long éperon rocheux dépend de Pénestin.
Il trempe son museau à l'ouest sur un îlot qui porte son nom, et à l'est sur le Trait de Penbé.

This long, rocky outcrop is part of Pénéstin.
To the west, it dips its nose onto an islet of the same name and to the east, onto the Trait de Penbé.

Pointe de Merquel

D'ici, et surtout depuis le bout de la jetée, s'offre une vue splendide sur le traict de Kercabellec et la baie de SorlocK.

From this place, and in particular from the end of the jetty, you can take in a spectacular view across the Kercabellec inlet ("traict") and Sorlock bay.

Piriac-sur-Mer

Cette cité de la presqu'île de Guérande doit son nom à Waroch II, roi de Vannes, qui la désignait ainsi. Pen Kiriac signifie en breton, "la mauvaise pointe". Si aujourd'hui les deux mamelles de l'économie priacaise sont plaisance et tourisme, il n'en fut pas toujours ainsi : c'est le port morutier qui lui donna une certaine richesse au XVIIe siècle.

This town on the Guérande Peninsula was given its name by Waroch II, King of Vannes. In Breton, Pen Kiriac, means "*la mauvaise pointe*" (or the dangerous headland). Although today the lifeblood of Piriac-sur-Mer's economy is yachting and tourism, it was not always like this : it was once its cod-fishing port that brought it wealth in the 17th century.

La Turballe

Avec plus de 80 chalutiers, son port est le leader pour la façade atlantique de la pêche à la sardine et à l'anchois, avec une débarque qui dépasse les 25 000 tonnes, sans compter les bars, merlus et merluchons, dorades et sèches. Commune dynamique, elle s'est aussi dotée d'une zone artisanale qui regroupe plus d'une quarantaine d'entreprises.

With over 80 trawlers, it is the Atlantic coast's leading port in terms of sardine and anchovy fishing, bringing in over 25,000 tonnes not to mention bass, hake and small hake, sea bream and cuttlefish. It is a bustling town, with an industrial estate for over forty small companies.

Pen-Bron

Le Centre hélio-marin est le premier employeur de la communauté d'agglomérations Cap-Atlantique, qui regroupe quinze communes, avec 330 emplois. Cet établissement médical est spécialisé en rééducation et réadaptation fonctionnelles. La côte de Pen- Bron est constituée par un massif et un cordon de dunes d'environ 45 hectares.

The *Centre hélio-marin* (Coastal heliotherapy centre) is the main employer within the community of the fifteen Cap-Atlantique towns, employing 330 people. This medical centre specialises in physical therapy and rehabilitation. The Pen-Bron coast is made up of a massif and a row of dunes covering around 45 hectares.

Le Croisic

Les Croisicais ont toujours été des marins exceptionnels, tant à la guerre qu'à la pêche. Au XIXe siècle, Le Croisic s'ouvrit aux bains de mer qui en étaient à leurs balbutiements. Honoré de Balzac, alors qu'il séjournait à Batz-sur-Mer en compagnie de madame de Berny, vint y respirer son air. À la suite de ce voyage, il écrivit un court roman : un drame au bord de la mer dont l'action sur déroulait sur la grande côte et au Croisic.

The inhabitants of Croisic have always been exceptional seafarers, both in war and in fishing. In the 19th century, sea bathing, which was just beginning to become popular, developed in Le Croisic. When he was staying in Batz-sur-Mer with Madame de Berny, Honoré de Balzac came here for fresh air. After his trip, he wrote a short novel : a drama by the sea where the action took place on the Grande Côte and in Le Croisic.

Batz-sur-Mer

La commune se revendique, à juste raison, bretonne. Et ce sont les paludiers qui ont maintenu la langue bretonne jusqu'aux abords de 1970. Cette mémoire se traduit encore dans des surnoms comme Tadig, Lagad du, Jo ou Guillouic. Cette station balnéaire, comme beaucoup de ses sœurs, doit son essor à l'arrivée en 1879 du chemin de fer et à la ligne Paris-Saint-Nazaire prolongée jusqu'au Croisic.

The town rightly asserts its Breton identity. The salt-marsh workers preserved the Breton language until about 1970. Traces of this memory can still be seen in nicknames such as *Tadig, Lagad du, Jo* or *Guillouic*. As is the case for many seaside resorts, Batz-sur-Mer experienced a boom in growth with the introduction of a railway line in 1879 and the extension of the Paris-Saint-Nazaire line to Le Croisic.

Marais Salants

Les salines de Guérande produisent une dizaine de milliers de tonnes de sel par an. Ces sont les paludiers qui, en groupement de producteurs, ont d'abord constitué une coopérative en 1989, avant de racheter les Salines de Guérande, une société de production et de vente, afin de distribuer non seulement le sel mais aussi les salicornes et... le vinaigre.

The Guérande salt marshes produce around ten thousand tonnes of salt per year. Salt-marsh workers who, as a group of producers, initially formed a cooperative in 1989, before buying the *Salines de Guérande* (Guérande salt marshes), a production and sales company, in order to distribute salt, samphires and vinegar.

La Côte Sauvage

Cette frange rocheuse, qui court du Croisic via Batz-sur-Mer et Le Pouliguen jusqu'à La Baule, prend de pleine face les tempêtes qui remontent du golfe de Gascogne, poussées par les vents du sud/sud-ouest. Vagues et courants sont alors très violents.

This rocky coastline, which runs from Le Croisic via Batz-sur-Mer and Le Pouliguen to La Baule, feels the full brunt of the storms that are pushed up from the Golfe de Gascogne (or *Bay of Biscay*) by south-south-westerly winds. Waves and currents can be very fierce.

La Baule

Une plage de huit kilomètres, 16 000 habitants l'hiver, 160 000 l'été. Une symphonie de grands hôtels dont on n'ose compter les étoiles, un casino et Atlantia, le Centre des congrès… Pourtant La Baule, en cherchant bien, a conservé un petit côté rural, témoin d'un passé récent. Mais pour le découvrir, il faut se diriger plein nord et franchir la route Saint-Nazaire-Guérande, frontière entre deux mondes.

Eight kilometres of beach ; 16,000 inhabitants in winter ; 160,000 in summer. A gamut of exclusive luxury hotels, a casino and Atlantia, the *Centre des congrès* (conference centre). Even so, on a closer look you can see that La Baule has held onto a countryside atmosphere, testament to its recent past. To discover it, however, you need to head north and cross the road Saint-Nazaire-Guérande, which borders the two worlds.

La Baule

Place des Palmiers, parc des Driades, bois des Aulnes, la dune de Guézy et ses 25 mètres, celle d'Escoublac et ses 54 mètres et entre les deux, le ruisseau de Mazy marquant la frontière entre La Baule et Pornichet... Tous ces noms sont doux à l'oreille et rappellent le XIXe siècle, lorsque Jules-Joseph Hennecart achetait, en 1877, 40 hectares à la Société des Dunes d'Escoublac et confiait à l'architecte nantais Georges Lafont leur développement. 250 magnifiques villas sortiront de sa table à dessin.

Place des Palmiers, Parc des Driades, Bois des Aulnes, the 25-metre high Dune de Guézy, the 54-metre high Escoublac dune and, between the two, flows the Mazy stream, marking the border between La Baule and Pornichet... All these names sound sweet and hark back to the 19th century, when in 1877 Jules-Joseph Hennecart bought 40 hectares from the *Société des Dunes d'Escoublac* and the architect Georges Lafont, from Nantes, entrusted the building development. 250 magnificent villas would emerge from his drawing board.

Près de Saint-Nazaire

Saint-Nazaire

Si Nantes est bourgeoise, Saint-Nazaire tient à son côté "prolo". Ici, on chante rouge aux manifs et on a le cœur sur la main. Sens du partage et de la Communauté. En 1936, grève générale des Chantiers de l'Atlantique. 1955, on remet ça : forces de l'ordre et ouvriers se battent alors dans l'atelier des chaudières de Penhoët. Le Nantais Jacques Demy en tire alors un film chanté, style *Parapluies de Cherbourg*. Son titre : *Une chambre en ville*.

While Nantes is bourgeois, Saint-Nazaire is proud to be working-class. Here, people sing Communist songs during demonstrations and are generous, with a real sense of sharing and Community. In 1936, there was a general strike of the *Chantiers de l'Atlantique* (shipbuilding group), and then again in 1955. Fights took place between the police and workers in the Penhoët boiler workshop. Jacques Demy, from Nantes, made a musical about it in the style of *Parapluies de Cherbourg*. It was called *Une chambre en ville*.

Saint-Nazaire

Cahin-caha, les années passent, les chantiers français survivent à coups de subventions. Un jour, Saint-Nazaire se retrouve seul en lice. La Méditerranée a mis les pouces et les chantiers de La Ciotat, en 1980, décident de se reconvertir en optant pour une plaisance qui se veut de luxe. Possesseur d'un incomparable savoir-faire, capable de créer des bijoux de paquebots économes en énergie, Saint-Nazaire relève le défi et sort en 2004 le *Queen Mary II*, une merveille de 345 mètres de long sur 46 mètres de large.

Year after year, they struggle on, and French shipyards survive through subsidies. And one day Saint-Nazaire is the last surviving French shipyard. The Mediterranean gave in and in 1980 the shipyards of La Ciotat decide to change their priorities to become a "luxury" yachting destination. With unrivalled expertise, able to create a gem of a luxury liner, which is easy on fuel, Saint-Nazaire rises to the challenge and in 2004 produces the *Queen Mary II*, a marvel measuring 345 metres long and 46 metres wide.

Nantes

Voici une ville aux deux visages : Nantes la française bien dans ses basques et Naoned la bretonne qui ne veut en rien renier son passé et croit en son avenir…
C'est la plus importante ville de Bretagne, capitale ducale de la vieille Province par la volonté d'un gamin de vingt ans, Alain Barbe-Torte. Celui-ci, en 936, chassa les Vikings de cette cité qu'ils occupaient depuis près d'un siècle. Il décida aussitôt d'en faire sa résidence principale. Ses successeurs poursuivirent son œuvre et se défendirent contre l'appétit des Français et des Anglais.
Si le cœur de la ville n'est plus le château ducal mais la place Graslin, la place Royale, le passage Pommeraye si cher à Jacques Demy, ou encore le cours Cambronne, du nom de ce général napoléonien qui claqua, à Waterloo, un "Merde !" superbe à l'anglais Wellington qui lui demandait de se rendre.
Ici, les hommes célèbres sont légion. Après Fouché et Talleyrand, ministres de Napoléon, Waldeck-Rousseau, ministre de la République auquel on doit les lois sur les syndicats et le associations ; Aristide Briand, prix Nobel de la Paix en 1926, Jules Verne, un des pères de la science-fiction, Benjamin Péret, un des fondateurs avec Breton du mouvement surréaliste et l'historien Jean Delumeau.

There are two sides to this city : Nantes is proud to be a French city and yet the Breton Naoned has no intention of renouncing its past and has faith in its future.
It is the largest city in Brittany, the ducal capital of the former Province as chosen by a twenty-year old boy, Alain Barbe-Torte. In 936, he drove the Vikings out of this city that they had been occupying for almost a century. Straight away, he decided to make it his main residence. His successors followed in his footsteps and defended themselves against the greed of the French and English.
The centre of the town has shifted from the ducal castle towards the Place Graslin, the Place Royale, the Passage Pommeraye much loved by Jacques Demy, and even the Cours Cambronne, named after the Napoleonic General whose response to the English Duke of Wellington, when asked to surrender at Waterloo, was to yell "Merde !" (or Go to hell).
Here there is no shortage of famous men. Fouché and Talleyrand, Ministers under Napoleon, Waldeck-Rousseau, Minister of the French Republic responsible for laws on trade unions, Aristide Briand, 1926 Nobel Peace Prize winner, Jules Verne, who pioneered the science-fiction genre, Benjamin Péret, who, along with Breton, founded the surrealist movement, and the historian Jean Delumeau.

Nantes

Éditeur délégué : Michel Bescond.
Maquette et mise en page : Magali Penven, Studio Éditions Palantines.
Achevé d'imprimer sur les presses de Lego, Vicenza, Italie
en février 2011.
Dépôt légal : 1er trimestre 2011.
ISBN : 978.2.35678.047.8

5, rue Félix Le Dantec, 29 000 Quimper.
infos@editionspalantines.com
www.editionspalantines.com

michelcoz.com